高等院校"十二五"应用型艺术设计教育系列规划教材

园林景观设计

王冬梅　编著

合肥工业大学出版社

图书在版编目（CIP）数据

园林景观设计/王冬梅编著.—合肥：合肥工业大学出版社，2015.7（2016.7重印）
ISBN 978-7-5650-2293-7

Ⅰ.园…　Ⅱ.王…　Ⅲ.景观-园林设计-高等学校-教材　Ⅳ.TU986.2

中国版本图书馆CIP数据核字（2015）第145761号

园林景观设计

编　　著　王冬梅
责任编辑　王　磊
封面设计　袁　媛　郑媛丹
内文设计　陶霏霏
技术编辑　程玉平
书　　名　园林景观设计
出　　版　合肥工业大学出版社
地　　址　合肥市屯溪路193号
邮　　编　230009
网　　址　www.hfutpress.com.cn
发　　行　全国新华书店
印　　刷　安徽联众印刷有限公司
开　　本　889mm×1092mm　1/16
印　　张　8
字　　数　254千字
版　　次　2015年7月第1版
印　　次　2016年7月第2次印刷
标准书号　ISBN 978-7-5650-2293-7
定　　价　49.00元
发行部电话　0551-62903188

序

当前，在产业结构深度调整，服务型经济迅速壮大的背景下，社会对设计人才素质和结构的需求发生了一系列的新变化……并对设计人才的培养模式提出了新的挑战。现在一方面是大量设计类毕业生缺乏实践经验和专业操作技能，其就业形势严峻；另一方面是大量企业难以找到高素质的设计人才，供求矛盾突出。随着高校连续十多年扩招，一直被设计人才供不应求所掩盖的教学与实践脱节的问题更加凸显出来，并促使我们对设计教学与实践进行反思。目前主要问题不在于设计人才的培养数量，而是设计人才供给、就业与企业需求在人才培养方式、规格上产生了错位。要解决这一问题，设计教育的转型发展是必然趋势，也是一项重要任务。向应用型、职业型教育转型，是顺应经济发展方式转变的趋势之一。李克强总理明确提出要加快构建以就业为导向的现代职业教育体系，推动一批普通本科高校向应用技术型高校转型，并把转型作为即将印发的《现代职业教育体系建设规划》和《国务院关于加快发展现代职业教育的决定》中强调的优先任务。

教材是课堂教学之本，是师生互动的主要依据，是展开教学活动的基础，也是保障和提高教学质量的必要条件。不少高校囿于种种原因，形成了一个较陈旧的、轻视应用的课程机制及由此产生的脱离社会生活和企业实践的教材体系，或以老化、程式化的教材结构维护以课堂为中心的教学方法。为此，组建各类院校设计专业骨干构成的作者团队，打造具有实践特色的教材，将促进师生的交流互动和社会实践，解决设计教学与实践脱节等问题，这也是设计教育改革的一次有益尝试。

该系列教材基于工作室教学背景下的课题制模式，坚持了实效性、实用性、实时性和实情性特点，有意简化烦琐的理论知识，采用实践课题的形式将专业知识融入一个个实践课题中。该系列教材课题安排由浅入深，从简单到综合；训练内容尽力契合我国设计类学生的实际情况，注重实际运用，避免空洞的理论介绍；书中安排了大量的案例分析，利于学生吸收并转化成设计能力；从课题设置、案例分析、参考案例到知识链接，做到分类整合、交互相促；既注重原创性，也注重系统性；整套教材强调学生在实践中学，教师在实践中教，师生在实践与交互中教学相长，高校与企业在市场中协同发展。该系列教材更强调教师的责任感，使学生增强学习的兴趣与就业、创业的能动性，激发学生不断进取的欲望，为设计教学提供了一个开放与发展的教学载体。笔者仅以上述文字与本系列教材的作者、读者商榷与共勉。

全国艺术专业学位研究生教育指导委员会委员
全国工程硕士专业学位教指委工业设计协作组副组长
上海视觉艺术学院副院长 / 二级教授 / 博士生导师
2014 年 8 月

前言

中国古典园林是世界园林之母，作为农耕时代的精神物化的载体，曾对世界园林景观的发展做出了巨大的历史贡献。随着工业时代的到来，源于文人士大夫闲逸思想的中国古典园林面临着文化与形式革新；城市的大规模发展，工业用地对人居空间的逐渐侵蚀，使现代城市环境设计的人性化议题得到空前的重视，在学界展开了旷持日久的关于环境营造与人居关系的研讨。当代的中国，园林艺术的范畴随之拓展，传统造园观念得到重新诠释，与"景观"的狭义概念相融合，产生了界于风景园林与城市景观之间的园林景观学科，它把庭院式园林扩大到涵盖城市公园、城市广场、住宅区生态环境、滨水区景观、街头装置等在内的更广泛的视角。

鉴于人居空间当以人为参照主体的根本原则，园林景观设计的功能、尺度均要符合人的基本活动需求，并且要更深层次地开发地域文化和引入生态造景的理念，以可持续的发展观为主旨，寻求环境之于人的最大程度的满足和资源的可循环利用。这是未来园林景观设计的必然趋势。

园林景观设计是一项巨大的系统工程，兼有艺术、文学、土木工程学、生态工程学、生物学、人机工程学、声学、光学等学科以及园林、建筑、构造、材料、城市规划等领域的内容，同时又是集艺术和科学为一体的，以自然为条件，以人性化的环境设计为目的的综合性边缘学科。由于我国园林景观专业开设相对略晚，对学科的认识较多地停留于狭义的界定，而且全面系统的专业教材尤其匮乏。本书试结合多年教学积累，将史论、设计理论与设计实践相结合，以经典的案例和本校历届学生的优秀作品为引导，循序渐进地开展课程，同时，注重实际操作和手绘技法的训练，以适应各高等院校相关专业的教学需求。

由于工作量巨大，加之个人观点的囿限和写作周期的相对仓促，或有不全面及不妥之处，敬请谅解指正。编者借本书的撰写之机试做教学方法和研究方法的尝试以抛砖而引玉，实现学术交流的初衷。

王冬梅
2015年7月

目录
contents

第一章 园林景观概述

◤ 学习目标：
以基本概念和历史演进着手，介绍东西方园林景观发展的不同轨迹及共同的功能与时代趋向；并从文化的视角，探讨二者造园理念差异的本源，使学生在全面接触专业设计之前，具备一定的理论支撑。

◤ 学习重点：
1. 园林景观的基本概念和研究范畴；
2. 东西方文化的差异在园林景观中的体现；
3. 园林景观设计的基本功能和时代趋向。

◤ 学习难点：
东西方园林的文化差异性和共同的功能意义。

◤ 第一节 园林景观的概念与研究范畴

"园林"一词始于魏晋时期，广见于西晋(公元200年左右)，有文字记载较早见于《洛阳伽蓝记》。根据园林性质，园林也称作园、苑、园亭、庭园、园池、山池、池馆、别业、山庄等，实质就是在一定的地段范围内，利用并改造天然山水地貌或人为地开辟山水地貌，结合植物栽植和建筑布置，构成一个供人们观赏、游憩、居住的环境。从广义的角度讲，城市公园绿地、庭院绿化、风景名胜区、区域性的植树造林、开发地域景观、荒废地植被建设等都属于园林的范围或范畴；从狭义的角度讲，中国的传统园林、现代城市园林和各种专类观赏园都称为园林。而"景观"一词，则是从1900年在美国设立的Landscape Architecture学科发展而来。1986年，在美国哈佛大学举办的国际大地规划教育学术会议明确阐述了这一学科的含义，其重点领域甚至扩大到土地利用、自然资源的经营管理、农业地区的发展与变迁、大地生态、城镇和大都会的景观。西方的景观研究观念现在已扩展到"地球表层规划"的范畴，目前国内一些学者则主张"景观"一词等同于"园林"，而事实上现代园林的发展已不局限于园林本身的意义了，所以此种论点存在很大争议。[1]

园林景观设计作为一门综合性边缘学科，主要是研究如何应用艺术和技术手段恰当处理自然、建筑和人类活动之间的复杂关系，以达到各种生命循环系统之间和谐完美、生态良好的一门学科。俞孔坚对此加以扩展，他认为：园林景观是美、是栖息地、是具有结构和功能的系统、是符号、是当地的自然和人文精神。

就研究范畴而言，本书将对园林景观加以分类归纳，即在微观意义上理解为：针对城市空间的设计，如广场、街道，针对建筑环境、庭院的设计，针对城市公园、园林的设计；中观意义上理解为：针对工业遗存的再开发利用，针对文化遗存的保护和开发，针对历史风貌遗存的保护开发，生态保护或生态治理相关的景观设计，以及城市内大规模景观改造和更新；宏观意义上理解为：针对自然风景的经济开发和旅游资源利用，自然环境对城市的渗透以及城市绿地体系的建立，供休憩使用的区域性绿地系统等。[2] 本书论述的园林景观主要是针对其微观范畴，部分涉及中观和宏观的领域。

第二节　东西方园林景观的风格比较

世界园林分为三大体系：东方园林、欧洲园林、阿拉伯园林。

东方园林，以中国为源头，渗透着山水文化与士人情结，映射着儒、释、道的哲学思想，呈现人对自然万象的思索。受中国园林和禅宗思想的影响，日本园林结合本土美学，将中国枯山水一支深入拓展，后又融入源于茶道的茶庭，形成了浓郁的民族风格。

一、东方园林景观的写实与写意

1. 中国古典园林的天人合一

中国古典园林是中国传统文化的重要组成部分。作为精神物化的载体，中国园林不仅客观真实地反映了不同时代的历史背景、社会经济和工程技术水准，而且特色鲜明地折射出中国人的自然观、人生观和世界观的演变，蕴含了儒、释、道的哲学与宗教思想渗透及山水诗画等传统艺术的影响。

中国古典园林的发展历史久远。据古文字记载，奴隶社会后期，殷周出现了方圆数十里的皇家园林——"囿"，被认为是传统园林的雏形。此前先民臆造的神灵的生活环境也为后世造园提供了基本的要素，如山、水、石、植物、建筑等。先秦、两汉的造园规模十分庞大，但演进变化相对缓慢，总的发展趋势是由神本转向人本，其间，宗教意义淡化，更多地融入了基于现世理性和审美精神的明朗节奏感，游宴享乐之风超越巫祝与狩猎活动，山水人格化始露端倪；造园者对自然山水的竭力模仿，开创了"模山范水"的先河，这一时期是中国园林史的第一个高潮。魏晋南北朝是中国古典园林发展史上重要的转折阶段。此时园林的规划由粗放转为细致自觉的经营，造园活动已完全升华到艺术创作的境界。佛学的输入和玄学的兴起，熏陶并引导了整个南北朝时期的文化艺术意趣，理想化的士人阶层借山水来表达自己体玄识远、萧然高寄的襟怀，因此园林风格雅尚隐逸。隋唐园林在魏晋南北朝奠定的风景式园林艺术的基础上，随着封建经济和文化的进一步发展而臻于全盛。隋唐园林不仅发扬了秦汉时期大气磅礴的气派，而且取得了辉煌的艺术成就，出现了皇家园林、私家园林、寺观园林三大类属。这一时期，园林开始了对诗画互渗的写意山水式风格的追求。到了唐宋，山水诗画跃然巅峰，写意山水园也随之应运而生。及至明清，园林艺术达到高潮，这是中国园林史上极其重要的一个时期。而皇家园林的成熟更标志着我国造园艺术的最高峰，它既融合了江南私家园林的挺秀与皇家宫廷的雄健气派，又突显了大自然生态之美。1994年，素有中国古典

图 1-2-1-01 苏州拙政园

园林美誉的四大园林：承德避暑山庄、北京颐和园、苏州拙政园、留园先后被联合国教科文组织列入世界文化遗产名录，从而成为全人类共同的文化财富。纵观中国传统园林的发展过程，在设计理念上可以概括为以下4点：①本于自然，而又高于自然，②自然美和人工美的融揉，③诗情画意，④意境深蕴。[3]

　　中国传统造园艺术所追求的最高境界"虽由人作，宛自天开"、"外师造化，中得心源"，实际上是中国传统文化中"天人合一"的哲学观念与美学意念在园林艺术中的具体体现，即纯任自然与天地共融的世界观的反映。这一宣扬人与自然和谐统一的命题，是以"天人合一"为最高理想，注重体验自然与人的契合无间的一种精神状态，是中国传统文化精神的核心。其较早可追溯到汉代思想家董仲舒的"天人相类"说，他在《春秋繁露》的《人副天数》中将人与天相比附，虽不免有牵强之嫌，但本质上却不自觉地蕴含着"天人同构"——"人体与自然同构"的观点，恰好与马克思的人对于自然不可分离的关系——生命维系关系的言论有异曲同工之妙。之后，宋代的张载首次提出了"天人合一"这一概念性词汇。这是中国思想史上较早的出现并最早建立的初具完整体系基础的"天人合一"论。中国园林即是天人合一生态艺术的典范。探究中国古典园林美的发展历程和艺术的建构、意境、规律以及审美文化心理，均不能离开"天人合一"这一具有中国特色的哲学、生态、美学的思想渊源。从20世纪中叶开始，人类面对环境恶化的生存危机，不断发出了以生态拯救地球的呼吁，表达了回归自然、返朴归真的由衷渴慕。中国古典园林作为一门充满东方智慧的生态艺术，其关于人与自然的和谐营造思想，对现代环境的开发和保护提供了理论依据和历史参照，是符合可持续发展——永继生存的未来趋向的。（见图 1-2-1-01 至 1-2-1-05）

图 1-2-1-02 苏州网师园

图 1-2-1-03 苏州留园

图 1-2-1-04 扬州个园

图 1-2-1-05 承德避暑山庄

图 1-2-1-06

图 1-2-1-07

2. 日本园林的和风与禅境

作为与中国一衣带水的邻邦，中国文化在日本得到了最大化的传播和移植，尤其是源于佛文化东渐的禅宗思想更是与日本美学的"幽""玄""佗""寂"相交融，以其特有的复合变异性，形成了具有民族特色的哲学思想。日本园林即是在吸收中国园林艺术的基础上，创造的一种以高度典型化、再现自然美为特征的"写意庭园"和"以一木一石写天下之大景"的艺术形式。

日本园林样式主要表现为庭园格局：筑山水庭园、枯山水庭园、茶庭。写意是日本园林的最大特色，而写意园林的最纯净形态是"枯山水"（也称涸山水、唐山水）。枯山水即"以砂代水，以石代山"。理水运用抽象思维的表现手法，将白砂均匀地排布在平整的地面上，用犁耙精心地划过，形成平行的水纹似的曲线，以此来象征波浪万重，与石景组合时则沿石根把砂面耙成环状的水形，模拟水流湍急的态势，甚至利用不同石组的配列而构成"枯泷"以象征无水之瀑布，是真正写意的无水之水。至于"石景"，也是日本园林的主景之一，正所谓"无园不石"，尤其在枯山水中显示了很高的造诣。日本石景的选石，以浑厚、朴实、稳重者为贵，不追求中国似的繁多变化，尤其不作飞梁悬石、上阔下狭的奇构，而是山形稳重、底广顶削，深得自然之理。石景构图多以"石组"为基本单位，石组又由若干单块石头配列而成，它们的平面位置的排列组合以及在体形、大小、姿态等方面的构图呼应关系，都经过精心推敲，在长期的实践过程中，逐渐形成了经典的程式和实用的套路。总的来说，其抽象的内涵是有别于中国园林的。此外，日本园林的植物配置以少而精为美，尤其讲究控制体量和姿态，不植高大树木，不似中国园林般枝叶蔓生。虽经修剪、扎结，仍力求保持它的自然，极少植栽花卉而种青苔或蕨类。日本枯山水对植物形态的精心挑选和修剪，说明日

图 1-2-1-08

图 1-2-1-09

图 1-2-1-10

图 1-2-1-11

图 1-2-1-12

本园林比中国园林更加注重对林木尺度与造型的抽象。但在整体组景造景方面似少有超越中国园林之处。[4]

　　禅宗思想与日本美学的结合影响了日本园林艺术的造园设计和审美品位。首先，日本枯山水艺术专注于对"静止与永恒"的追求：枯山水庭园是表达禅宗观念与审美理想的凭借，同时也是观赏者"参禅悟道"的载体，它们的美是禅宗冥想的精神美。为了反映修行者所追求的"苦行、自律""向心而觉""梵我合一"的境界，园内几乎不使用任何开花植物，而是使用诸如长绿树、粗拙的木桩、苔藓以及白沙、砾石等具有禅意的简素、孤高、脱俗、静寂和不均整特性的元素，其风格一丝不苟、极尽精雅。这些看似素朴简陋的元素，恰是一种寄托精神的符号，一种用来悟禅的形式媒介，使人们在环境的暗示中反观自身，于静止中求得永恒，即直觉体认禅宗的"空境"。其二是追求"极简与深远"：枯山水庭院内，寥寥数笔蕴含极深寓意，乔灌木、岛屿、水体等造园惯用要素均被一一删除，仅以岩石蕴涵的群山意象、耙制沙砾仿拟的流水、生长于荫蔽处的苔地象征的寂寥、曲径寓意的坎坷、石灯隐晦的神明般的导引，来表现情境和回味、传达人生的感悟，其形式单纯、意境空灵，达到了心灵与自然的高度和谐。枯山水庭园对自然的高度摹写具有抽象和具象的构成意味，将艺术象征美推向了极致，具有意韵深邃、内涵丰富的美学价值。[5]（见图 1-2-1-06 至 1-2-1-15）

图 1-2-1-13

图 1-2-1-14

图 1-2-1-15 （王冬梅摄于深圳世界公园）

二、欧洲园林景观的理性与自然

1. 法国古典主义风格园林

法国古典主义园林以规则构图、轴线对称、运河水渠、节点喷泉、放射性道路、修剪植物等为主要特征。代表作有凡尔赛宫苑、沃·勒·维贡特府花园、尚蒂伊府邸花园、特里阿农宫苑、枫丹白露宫苑（见图1-2-2-01）、丢勒里花园、索园等。

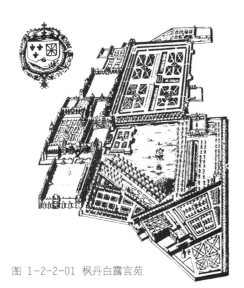

图 1-2-2-01 枫丹白露宫苑

受以笛卡尔为代表的理性主义哲学的影响，法国园林推崇艺术高于自然，人工美高于自然美，讲究条理与比例，主从与秩序，更注重整体，而不强调细节的玩味，但因空间开阔，一览无余，意境显得不够深远，人工斧凿痕迹也显得过重。

法国古典园林的组景，基本上是平面图案式。它运用轴线控制的手法将园林作为一个整体来进行构图，园景沿轴线铺展，主次、起止、过渡、衔接都做精心的处理。由于其巨大的规模与尺度(如凡尔赛宫纵轴长达3km)，创造出一系列气势恢宏、广袤深远的园景，故又有"伟大风格"之称，与中国古典园林擅长处理小景相比，法国古典园林则更擅长处理大景。（见图1-2-2-02至1-2-2-04）

法国古典园林理水的方法主要表现为以跌瀑、喷泉为主的动态美。水剧场、水风琴、水晶栅栏、水惊喜、链式瀑布等，各式喷泉构思巧妙，充分展示出水所特有的灵性。（见图1-2-2-05至1-2-2-06）相比较而言，静水看似少了些许灵气，但静态水体经过高超的艺术处理后所呈现出来的深远意境，也是动态水体难以企及的。

法国古典园林的栽植从类型上分，主要有丛林、树篱、花坛、草坪等。丛林是相对集中的整形树木种植区，树篱一般作边界，花坛以色彩与图案取胜，草坪仅作铺地，丛林与花坛各自都有若干种固定的造型，尤其是花坛图案，犹如锦绣般美丽，有"绿色雕刻"之称。（见图1-2-2-07至1-2-2-09）

图 1-2-2-02 阿托那水池

图 1-2-2-03 凡尔赛宫微观模型（王冬梅摄）

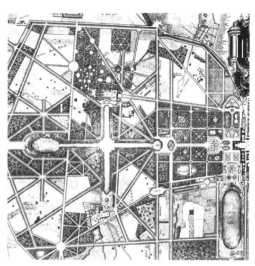

图 1-2-2-04 凡尔赛宫平面图

图 1-2-2-05 喷泉

图 1-2-2-06 维尔内城的喷泉

图 1-2-2-07 具有勒·诺特尔式特征的"英国式花坛"

图 1-2-2-08 模纹花坛

图 1-2-2-09 模纹花坛

图 1-2-2-10 巴尼亚奥的郎特园

图 1-2-2-11 德国波茨坦无忧宫花园

图 1-2-2-12

图 1-2-2-13

图 1-2-2-14

2. 意大利台地式风格园林

意大利台地园以建筑为中心、轴线对称、竖向起伏、分层分院、主楼广场、跌落水景等为主要特征，其代表作有阿尔多布兰迪尼庄园、伊索拉·贝尔庄园、加尔佐尼庄园、冈贝里亚庄园等等。

就地形而言，意大利台地园的露台由倾斜部分和下方平坦的部分构成，视坡度的缓急，有宽窄、高低之分，形式不尽相同。从平面图上看，它采用了严整的规则对称的格局，以建筑的轴线为基准，但有时主轴线垂直或平行于建筑的轴线。同时，庭院的细部也通过其他轴线来对称地统一布置，以花坛、泉池、露台等为面，园路（包括树篱和树行）、阶梯、瀑布等为线，小水池、园亭、雕塑等为点的布局，都强化了这种对称。

早期意大利园林的植物繁多，有如植物园，后期不断精简。由于地处亚热带气候，需要栽植常绿植物形成树荫，其中，落叶树种尤以法国梧桐和白杨居多，此外橘树、橄榄、柠檬等果树常片植或盆栽。意大利人却不热衷于栽花植草。

园林中水的处理有池泉、阶式瀑布和喷泉，喷泉被视为意大利庭院的象征，为了装饰，喷泉中往往置放雕塑形成上小下大的塔状。雕塑的名称也因题材而定，以神话中的英雄、神灵、动物为主。（见图1-2-2-10至1-2-2-14）

3. 英国自然风景园林

英国风景园以自然水景、草地缓坡、乡野牧场、植物造景为主要特色，代表作有查兹沃斯风景园、霍华德庄园、布伦海姆风景园、斯陀园、斯托海德园、邱园、尼曼斯花园等。

英国风景园造园思想来源于以培根和洛克为代表的经验论，认为美是一种感性经验，排斥人为之物，强调保持自然的形态，肯特甚至认为"自然讨厌直线"。但由于过于追求"天然般景色"，往往源于自然却未必高于自然，又由于过于排斥人工痕迹，细部较为粗糙，园林空间略显空洞与单调。钱伯斯就曾批评它与普通的旷野几无区别。

英国风景园的布景，类似中国古典园林中的"步移景异"，景园以不同距离、不同高度、不同角度展开，整体意境宁静而舒远，一派天然牧场般的田园风光。其水景的处理主张结合地形，树丛与两岸大面积的草地形成缓缓的草坡斜侵入水，并且注重树丛的疏密、林相、林冠线（起伏感）、林缘线（自然伸展感）的处理，整体效果既舒展开朗，又富自然情趣。这是它的独特所在。[6]（见图1-2-2-15至1-2-2-17）

三、阿拉伯园林景观的宗教情愫

阿拉伯园林以建筑庭院、水渠水景、轴线对称、模纹花坛为特色，其代表作有印度泰姬陵、西班牙阿尔罕布拉宫苑和格内拉里弗花园等。

西亚波斯穆斯林园林在世界园林史上具有独特的地位。由于波斯穆斯林所生活的地区位于亚洲的西部，与欧洲相邻，历史上穆斯林文化与基督文化发生过长期的冲突，战争不断，加之它又是古代丝绸之路的必经之处，所以波斯穆斯林园林对于东西方园林艺术的发展均有过较大的影响。

其造园的特点是用纵横轴线把平地分作四块，形成方形的"田字"，以象征由四部分组成的宇宙及其神力。十字林荫路交叉处设中心喷水池，中心水池的水通过十字水渠来灌溉周围的植株。中西亚国家干旱少雨，干旱与沙漠使人们只能在自己的庭院里经营一小块绿洲。在古代西亚的园林中，其园林完全是为了制造一个人为的美好空间，故只能采取封闭空间形式，四周以建筑物围合，其内种植花木，布局呈规则形状，并以五色石铺地，构成抽象规则的图案，防止地面风蚀。特别重视水的利用，最常见的是在中心部位修正方形或长方形水池。水的作用不断发挥，由单一的象征着天堂的中心水池演变为各种明渠暗沟和喷泉，最高级者还利用地势修建台阶状多级跌水，这种水法的运用后来深刻地影响了欧洲各国的园林。除了水，树也是阿拉伯园林常用的元素，信仰者认为树的顶端更加接近天堂。

阿拉伯园林的主体形式源于《古兰经》教义中对天堂的描述，伊甸园中树荫覆盖、河水流淌，花园像美丽的地毯一样，人的身心在其中能得到休息，思维可以从成见中解放。因此，地理和宗教情愫是构筑阿拉伯园林的精神本源，是西亚人对天堂和尘世的象征主义构想。[7]（见图1-2-3-01/02）

四、东西方园林景观的文化差异

作为各具特性的系统，中国园林和西方园林有着不同甚至截然对立的品格，特别是在天人关系的终极理念上表现出严格的分野。

西方园林艺术，突出科学、技能。它着眼于几何美或人工美，以几何图案、轴线、对称、整齐为特点，一切景物无不方中矩、圆中规，体现出精确的数的关系，遵从"强迫自然接受均匀的法则"；而中国园林则着眼于自然美，以自然、变化、曲折为

图 1-2-2-15

图 1-2-2-16

图 1-2-2-17

图 1-2-3-01 印度泰姬陵

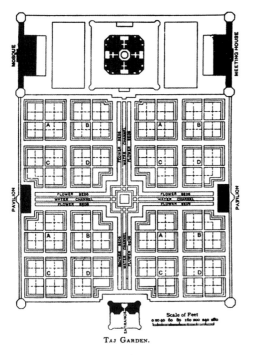

图 1-2-3-02 印度泰姬陵平面图

特点，追求自由生动、具象化的风韵之美，使自然生态如真，气韵生动如画，在宏观和中观上崇尚天然的生态美，达到"虽由人作，宛自天开"的境界。

究其原因，首先，从园林的产生之初分析，中国园林发源于苑囿，后融合诗书画并取自然山水之意趣。西方园林则发源于果园菜地，追求规整，喷泉即可视为农业灌溉的物态留存。其次，从意识形态看，中国老庄哲学崇尚自然写意，主张"人法地，地法天，天法道，道法自然"，庄子的"天"有明显的自然性，也代表着一种自然情状，认为只有顺应自然回归自然，进入"天和"状态才能达到常乐的境界，所以，中国古典园林在营构布局、配置建筑、山水、植物上都竭力追求顺应自然，着力显示纯自然的天成之美，并力求打破形式上的中规中矩，使得模山范水成为中国造园艺术的最大特点之一。而西方哲学则强调理性和规则，这和西方美学的历史传统密切相关。西方美学史上最早出现的美学家是古希腊的毕达格拉斯学派，他们都是数学家、天文学家和物理学家。该学派认为"数的原则是一切事物的原则"，"整个天体就是一种和谐和一种数"（见图1-2-4-01至1-2-4-03）。所以西方园林相对于东方园林而言大异其趣，它是古希腊数理美学的感性显现和历史积淀，它通过数的关系，把科学、技能物化，使园林设计中处处可见几何学、物理学、机械学、建筑工程学等学科的人为成果，是科学之真和园林之美的结合。这种风格的园林尤以意大利、法国为代表。

其次，关于天人关系的意识形态的不同，决定着东西方园林

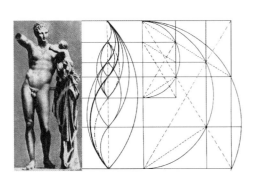

图 1-2-4-02

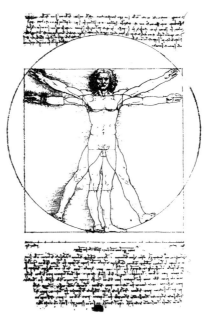

图 1-2-4-01

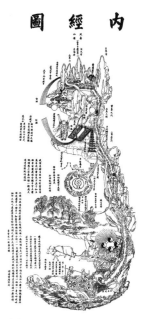

图 1-2-4-03

风格的迥异。与作为中国文化发展的基础性和深层次根源的"天
人合一"思想传统相反，西方的文化思想传统，从古希腊的本体
论到近代的认识论，主客二分的基本思路始终占主导地位，构成
了东西文化的本原性差异。希腊的美学思想认为"人是万物的尺
度，是一切存在的事物存在的尺度，也是一切不存在的事物不存
在的尺度"，这可以说是较早的以人为本思想。日本学者铃木大
拙也指出东方人认同自然是一体的观点。西蒙德更认为，在人与
自然的关系上，西方人对自然持进攻、征服的态度，强调人与自
然的对立和斗争，而东方人则以自身适应自然为原则。所以西方
园林强调的是"人"，中国园林强调的是"天"。

图 1-3-1-01

　　此外，民族审美气质的不同也是二者差异的原因之一。关于
形式，中国美学追求多样统一，崇尚"自然天成之趣"，强调
"参差""尽殊"，避免整齐划一的刻板。"参差"是自然的本
相，"均齐"不符合自然的本真。计成的《园冶》中即有"合乔
木参差山腰，蟠根嵌石"的体悟。因此，中国园林在处理环境与
建筑的关系上，使建筑营造得象自然"生"成一样。而亚里士多
德则认为美的形式是空间的"秩序、匀称与明确"，所以，西方
园林呈现的是一切服从建筑，或一切有如建筑的规整、谨严，显
示着强烈的人工、技能、数比之美。它传达的是一种鲜明的理性
感，其园林内的秩序与外界自然的野趣形成了鲜明的对比。[8]尽管
西方也有注重自然之趣的审美观念，但不占主流，这就决定着西
方古典园林讲求规矩格律、对称均衡，乐于从几何形式中体会数
的和谐和整一性以及齐整了然的优美。

　　总之，一个时代一个民族的造园艺术，集中反映了当时在文
化上占支配地位的理想、情感和憧憬，如浪漫主义之于英国园
林，禅宗之于日本园林，理性主义之于法国园林，自然意境之于
中国园林的影响。

图 1-3-1-02

▶ 第三节　现代园林景观的发展趋势

一、现代园林景观的功能延展

1. 满足人的基本活动需求和注重公共参与

　　人是园林景观设计的主体，园林建筑的目的就是坚持人性化
设计，根据人的行为规律和审美需求，为人提供良好的工作和休
憩环境。一方面，环境要维护人的身心健康，另一方面又要充分
考虑使用者层次的多样性，为老人、儿童、残障人士设置特型空
间。并积极倡导公众参与体验，即城市娱乐休憩理论、城市体验
理论。它主要以娱乐休憩的方式和鼓励参与的互动方式，使人在
公共环境的体验中获得愉悦，在休憩和参与的环境中达到提高个
体行为的最优化程度。同时，人的公共参与也将完善某些景观雕
塑作品，使人的动态行为成为作品展现的一个重要部分。（见图
1-3-1-01至1-3-1-05）

　　在体验设计的驱动下，城市的公共空间将越来越多地被用来

图 1-3-1-03

图 1-3-1-04

图 1-3-1-05

修建融合了文化与零售的大众休闲场所。美国迪斯尼公司是体验娱乐设计的先驱，它创造了动画片世界和世界上第一个主题公园，其根本就是给顾客带来具有美好回忆的快乐体验。迪斯尼在主题公园内部创造了环境的一致性和迷人体验。而中国城市体验设计的一个成功典范则是上海外滩，它已由纯粹的对外开放金融区改造为城市体验的景点，在这里，人们可以游览、聚会、餐饮、摄影、练功、休闲、听音乐、读报纸，眺望隔江的东方明珠电视塔、陆家嘴和正在升起的高层建筑景观。

2. 生态调节作用

在世界亟待解决人口与能源、环境等问题的当代，生态学课题得到了空前的重视，其研究结果被广泛应用。总结园林景观的生态效应有如下几点[9]：

（1）减少噪音；

（2）降温，增加相对湿度；

（3）净化空气，抵抗污染作用；

（4）具有防风与调节气流的作用；

（5）具有遮阴、防辐射的作用；

（6）具有监测环境的作用；

（7）减少水土流失，改善土壤；

（8）调节氧气——二氧化碳的平衡；

（9）提供植物生境，维持生物的多样性，保持生态平衡；

（10）营造良好的视觉效果，增加环境的可观赏性。

基于对园林景观生态效应的研究和深刻认识，很多发达国家在城市建设进程中，较早地确定了生态城市的定位，不惜在城市滨水区保留了大面积的自然景观用以调节城市的生态环境，甚至在地价昂贵、高楼林立的城市中央开辟出中央绿地，作为理想的生态缓冲带。目前，注重人居环境的自然化，已成为城市发展的必然趋势。（见图1-3-1-06至1-3-1-09）

图 1-3-1-06

图 1-3-1-07

图 1-3-1-08

3. 主题宣传与教育功能

学校校园景观可以教化育人。它是各院校根据自身的办学理念、规模和特色，人工创造的具有欣赏价值、激励作用和感染力的景致。广义上既包括静态造型艺术景观，又包括师生们在校园里演绎的种种动态活动场景和生活现象。狭义上特指静态校园景观：建筑工程艺术景观、文物文化艺术景观和生态园林艺术景观等。优美的校园景观以美的可感性、愉悦性陶冶着学生的情操，传承着独特的校园文化，构筑并丰富着校园的审美空间，承载"润物细无声"的育人重任。

对产业景观（Industrial landscape）的生态改造在一定意义上也起到教化育人和传承历史的作用。产业景观是指工业革命时期出现的用于工业、仓储、交通运输的，具有公认历史文化和改造再利用意义的建筑及其所在的城市地区，并非泛指所有历史遗留下来的产业建筑。与世界上许多国家相同，后工业时代的来临使我国传统工业生产场所逐渐转向城市的外围，导致城市中遗留下大量的废弃工业场地，如矿山、采石场、工厂、铁路站场、码头、工业肥料倾倒场等等。它们虽然失去了存在的作用，但是却在城市的建立与发展中功不可没。现代西方环境主义、生态恢复及城市更新的典型代表是Rchard Hagg 的美国西雅图炼油厂公园和Peter Latz的德国Ruhr钢铁城景观公园，这两者都强调了废弃工业设施的生态恢复和再利用，已成为具有引领现代景观设计思潮的作品。这一现象说明，建筑景观在历史中可以随着时代的变迁以另一种模式存在，即作为现代生态改造的标志性载体，不断地向世人传达着它的历史意义、生态观念和改造设计的可持续导向。

同时，名胜古迹作为人文景观的代表，也起着教育宣传的持久意义，其主旨是追忆、展示和传颂本民族本地域优秀的传统和文化。对古迹的"修旧如旧"，以及运用景名、额题、景联和摩崖石刻等赋予自然景物以文化表达的做法，在无形之中将地域文化和人文环境融入园林景观设计当中，这不仅带来了巨大的旅游资源，而且使得子孙后代更加了解自己生长的土地孕育的文化，更向外来者宣传了地方的特色历史。（见图1-3-1-10至1-3-1-15）

即使是一般的人群聚集的广场绿地，教育作用也无处不在，它可以是直接的文字指示，也可以是间接的潜移默化地环境暗示。总之，园林景观不可回避地担当着重要的教化职能。

4. 乡土景观及历史文脉的保护与延续

所谓乡土景观是指当地人为了生活而采取的对自然过程和土地及土地上的空间及格局的适应方式，是此时此地人的生活方式在大地上的显现。它必须包含几个核心的关键词：即它是适应于当地自然和土地的，它是当地人的，它是为了生存和生活的，缺一不可。这是俞孔坚的比较广义的解释，而目前运用最为直观的

图 1-3-1-09

图 1-3-1-10 北京大学一隅（王冬梅摄）

图 1-3-1-11 哈佛大学

图 1-3-1-12 哈佛大学

图 1-3-1-13 哈佛大学

图 1-3-1-14 燕岭摩崖石刻

图 1-3-1-15 8号桥创意生产

图 1-3-1-16

图 1-3-1-17

图 1-3-1-18 （王冬梅摄于杭州西溪湿地）

图 1-3-1-19 沈阳建筑大学

现代园林景观设计师最热衷的手法是乡土植物的运用。

因为当地的乡土树种不仅容易适应它的气候环境、易成活、成本低，而且在潜移默化中对地方的历史和人们的习俗有着深远的影响。这正是岐江公园设计最具有影响力的一个特点，将水生、湿生、旱生乡土植物——那些被人们践踏、鄙视的野草，应用到公园当中，来传达新时代的价值观和审美观，并以此唤起人们对自然的尊重，从而培育环境伦理，营造城市与众不同的景观。俞孔坚在沈阳建筑大学校区景观中，以东北水稻为素材，设计了一片校园稻田，这一大胆的设计是根据对场地的充分考察，结合地域现状和地域文化作出的成熟设计；是用最普通的、经济、高产的材料，在一个当代的校园去演绎文化、历史的可持续性，演绎生命和生态的可持续性。该设计获2005年全美景观设计荣誉奖。（见图1-3-1-16至1-3-1-22）

图 1-3-1-20 沈阳建筑大学

乡土景观也是地域文化和历史文脉的积淀。中国的文化遗产保护理论已经过了几十年的研究，但是囿于特定国情，文化遗产的保护一直处于被动的"保"的状态，历史文脉在当代生活中的角色和地位，一直未能得到很好的重视。保护历史文脉的核心在于保护其真实性，即确保其历史和文化信息能完整、全面、真实地得到传承。这一范畴当继续扩展到以土地伦理和景观保护为出发点，保护在地方历史上有重要意义的文化景观格局，实现景观生态的连续，实现文化和自然保护的合一。

5. 防灾避害功能

鉴于各种非人为因素对人类社会造成的巨大伤害，园林景观空间的功能被进一步提升到了防灾避害的层面，这类景观空间被定义为"防灾公园"，即是："由于地震灾害引发市区发生火灾等次生灾害时，为了保护国民的生命财产、强化大城市地域等城市的防灾构造而建设的起到广域防灾据点、避难场地和避难道路作用的城市公园和缓冲绿地"。

我国地理环境十分复杂，自古灾害较多。1976年唐山大地震，曾被认为是400多年来地震史上最悲惨的一次，而2008年5.12

图 1-3-1-21 浙江黄岩永宁公园

图 1-3-1-22 中山岐江公园

图 1-3-1-23 元大都遗址公园

图 1-3-1-24 元大都遗址公园

四川汶川8.0级特大地震的重创度和波及范围更是迄今为止人类地震史上的罕见灾难。事实再次警醒我们长期以来对防灾减灾重视的不足；而城市防灾公园在抵御灾害以及二次灾害、避灾、救灾过程中，有着极其重要的作用。

防灾公园的主要功能是供避难者避难并对避难者进行紧急救援。具体包括：防止火灾发生和延缓火势蔓延，减轻或防止因爆炸而产生的损害，成为临时避难场所（紧急避难场所、发生大火时的暂时集合场所、避难中转点等）及最终避难场所、避难通道、急救场所、灾民临时生活的场所、救灾物资的集散地、救灾人员的驻扎地、倒塌建筑物的临时堆放场等，中心防灾公园还可作救援直升机的起降场地，平时则可以作为学习有关防灾知识的场所。2003年10月，北京建成国内第一个防灾公园——北京元大都城垣遗址公园（见图1-3-1-23/24）。它拥有39个疏散区，具备10种应急避难功能。全国已经计划在八大城区乃至更大范围内建立应急避难场所，已建立和正在建的共有27处。

防灾公园的规划原则如下：

（1）综合防灾、统筹规划原则：除了防灾公园以外，应当考虑对城市多种灾害的综合防灾，配合其他各类避难场所统筹规划。

（2）均衡布局原则：即就近避难原则，防灾公园应比较均匀地分布在城区。其设置必须考虑与人口密度相对应的合理分布。

（3）通达性原则：防灾公园的布局要灵活，要利于疏散，居民到达或进入防灾公园的路线要通畅。

（4）可操作性原则：防灾公园的布局要与户外开敞空间相结合、与人防工程相结合，划定防灾公园用地和与之配套的应急疏散通道。

（5）"平灾结合"原则：防灾公园应具备两种综合功能，平时满足休闲、娱乐和健身之用，同时也要配备救灾所需设施和设备，在发生突发公共危机时能够发挥避难的作用。

（6）步行原则：居民到防灾公园避难要保障步行而至。

我国目前的主要措施是利用普通公园改造、开辟防灾公园，在总体规划的基础上，根据公园的文化定位和服务功能，对旧建筑、景观设施、休闲设施、运动场所、教育设施、管理设施、餐饮设施、停车场等加以改造，使之发挥防灾救灾的功能。[10]

6. 可持续发展原则

1972年联合国召开了第一次人类环境会议，并通过《人类环境宣言》。1993年，美国景观设计师协会发表《ASLA环境与发展宣言》，提出了景观设计学视角下的可持续环境和发展理念，呼应了《可持续环境与发展宣言》中提到的一些普遍性原则，包括：人类的健康富裕，其文化和聚落的健康繁荣是与其他生命以及全球生态系统的健康相互关联、互为影响的；我们的后代有权利享有与我们相同或更好的环境；长远的经济发展以及环境保护的需要是互为依赖的，环境的完整性和文化的完整性必须同时得到维护；人与自然的和谐是可持续发展的中心目的，意味着人类与自然的健康必须同时得到维护；为了达到可持续的发展，环境保护和生态功能必须作为发展过程的有机组成部分等。

可持续的景观可以定义为具有再生能力的景观，作为一个生态系统它应该是持续进化的，遵循"4R"原则，即：（1）减量使用：尽可能减少能源、土地、水、生物等资源的使用，提高使用效率；（2）重复使用：节约资源和能源的耗费，利用废弃的资源通过生态修复得到重复利用；（3）循环使用：坚持自然系统中物质和能量的可循环；（4）保护使用：充分保护不可再生资源，保护特殊的景观要素和生态系统，如保护湿地景观和自然水体等。

麦克哈格在《设计结合自然》一书中也从生态的角度诠释了园林景观的形式，他认为"增长的无限"已给人居环境以警示，基于生态原则上的设计才可以使人类与自然环境得以和谐地、持续地发展。

尽管现代学科意义上的可持续环境设计思想的发展仅有几十年，但明智地消费自然以获得人类自身生存与发展的认识在中国已有数千年历史。古人"天地人和"的"三才"思想就是建立在对农业生产"时宜"、"地宜"、"物宜"的经验认识之上的"人力"调配或干预。

俞孔坚认为景观设计的可持续性必须遵循地方性，保护与节约自然资本原则，让自然做功和显露自然等。

首先，在对生物过程的影响上，可持续景观有助于维持乡土生物的多样性，包括维持乡土栖息地生态的多样性，维护动物、植物和微生物的多样性，使之构成一个健康完整的生物群落；避免外来物种对本土物种的危害。其次，在对人文的影响上，可持续景观体现出对文化遗产的珍重，维护人类历史文化的传承和延续；体现对人类社会资产的节约和珍惜；创造出具有归属感和认同感的场所；提供关于可持续景观的教育和解释系统，改进人类关于土地和环境的伦理。

所以，一个可持续的园林景观是生态上健康、经济上节约、有益于人类的文化体验和人类自身发展的景观。[11]

二、现代园林景观的革命性创新

1. 时代精神的演变

工业革命以来，城市规模的扩大带来的生态环境的破坏已成为全球关注的问题。自19世纪中叶以来，以奥姆斯特德为代表的美国"城市公园运动"给了现代园林设计一个明晰的定位，使古典园林从贵族和宫廷的掌握中解放出来，从而获得了彻底的开放性。

中国园林从古典园林演化至现代开放式空间，其内涵不断扩大，从一味迎合士大夫阶层的审美心态到服务大众群体；属性也发生了转换，从私有制到作为社会"产业"性质的明确；形式的变化更日趋多样，形成了以开放、大众化、公共性为特点的现代景观设计。

图 1-3-2-01

图 1-3-2-02

图 1-3-2-03

2. 现代技术的促进

新的技术，不仅能使我们更加自如地再现自然美景，甚至使我们能创造出超自然的人间奇景。它不仅极大地改善了我们用来造景的方法与素材，同时也带来了新的美学观念——"景观技术美学"。

从更广泛的意义上来说，一般将现代景观的造景素材，作为硬质景观与软质景观的基本区分之一，在现代景观设计中，其内涵与外延都得到了极大的扩展与深化。硬质景观中相对突出的是混凝土、玻璃及不锈钢等造景元素的运用。软质景观中，大量热塑塑料、合成纤维、橡胶、聚酯织物的引入，甚至从根本上改变了传统景观的外貌；而现代无土景观的产生，又促进了可移动式景观的产生；现代照明技术的飞速发展，催生了一种新型景观"夜景观"的出现。同时，生态技术应用于景观设计，使现代景观设计师们不再把景观设计看成是一个孤立的造景过程，而是整体生态环境的一部分，并考虑其对周边生态影响的程度与范围。（见图1-3-2-01至1-3-2-06）

3. 现代艺术思潮的影响

园林景观一向是艺术和科学的共生体。依托于现代科技的基础，20世纪20年代，早期的一批现代园林设计大师，开始将现代艺术引入景观设计之中。从高更到马蒂斯再到康定斯基的热抽象，抽象从此成为现代艺术的一个基本特征；与此同时，从表现主义到达达派，再到超现实主义，20世纪前半叶的艺术基本上可归结为抽象艺术与超现实主义两大潮流；下半叶以后，随着技术的不断发展和完善，以及新的艺术理论如解构主义等的出现，一批真正超现实的景观作品不断问世。20世纪60～70年代以来，对景观设计较具影响的有历史主义和文脉主义等叙事性艺术思潮，还可看到以装置艺术为代表的集合艺术、废物雕塑、摭拾物艺术

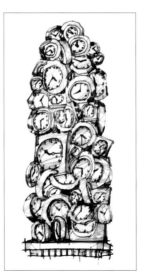

图 1-3-2-05 （夏萍绘制）

图 1-3-2-04

图 1-3-2-06

的显著影响。许多现代景观作品中也能看到极简主义、波普艺术等各种现代艺术流派的影响。与其他艺术思潮不同的是，上世纪60年代末以来的大地艺术是对景观设计领域一次真正的全新开拓。大地艺术之所以能取得如此之多的突破，关键在于它继承了极简主义抽象简单的造型形式，又融合了观念艺术、过程艺术等思想。总之，现代景观设计极少受到单一艺术思潮的影响。而正是多种艺术的交叉才使其呈现出日益复杂的多元风格。[12]（见图1-3-2-07至1-3-2-11）

图 1-3-2-07 （王冬梅摄于香港街头）

参考文献：

[1][2]戴启培.中西方园林理念对中国园林发展的影响.安徽农业科学[J]，2007，35（28）

[3]景观设计基础/李开然.上海：上海人民美术出版社，2006.15页–35页

[4][6][12]张振.传统园林与现代景观设计.中国园林[J]，2003.8

[5]景观与景园建筑工程规划设计·上册/吴为康主编.北京：中国建筑工业出版社，2004.374页

[7]刘华斌，刘小鸾.东西方园林景观比较初探.九江学院院报[J]，2006(3)

[8]中国园林美学/余学智，北京：中国建筑工业出版社，2005.92~98页

[9]园林生态学/温国胜，北京：化学工业出版社，2007.249页

[10]李景奇，夏季.城市防灾公园规划研究.中国园林[J]，2007(6)

[11]俞孔坚，李迪华.可持续景观.城市环境设计[J]，2007(1)

图 1-3-2-08

本章作业：

1. 任选一题做小型课程论文（2500字）
（1）浅谈文化差异下的东西方园林景观设计
（2）论现代园林景观设计的可持续发展原则
2. 以线描的方式画出世界三大园林派系的典范之作，并做文字分析。

图 1-3-2-09 （王冬梅摄于香港街头）

图 1-3-2-10

图 1-3-2-11

第二章　园林景观的空间设计

▶ 学习目标：

以人性化为主导思想，引入"空间设计"的基本概念指导开展初步设计，使学生能够掌握园林景观空间的基本组织方式，学会借助各细部构成要素实现空间的限定，从而在充分认知空间概念的前提下宏观地把握园林景观的规律。

▶ 学习重点：

1. 明确人是空间设计的主体；
2. 园林景观的空间组织方式；
3. 遵循美学法则运用景观细部要素展开设计。

▶ 学习难点：

把握空间形态、尺度、声环境设计等因素与人的关系。

▶ 第一节　园林景观空间概述

一、空间概念的界定

关于"空间"概念的阐释，最早可以追溯到古代哲学家老子的"虚实观"。《道德经》曰："三十辐共一毂，当其无，有车之用，埏埴以为器，当其无，有器之用。凿户牖以为室，当其无，有室之用。故，有之以为利，无之以为用也"。这里将人居空间同车轮、陶器相比拟，指出人居空间就像车轮和陶器的构筑形式一样由虚与实共同构成。建造房屋需要开凿门窗，有了门窗、四壁围合的空间，才有了房屋的作用，所以"有"（门窗、墙、屋顶等实空间）所带给人的"利"（利益、功利），必须靠"无"（内部的空间）来发生作用，由此得出了建筑空间是由"有""无"构成的结论，即"实空间"和"虚空间"（见图2-1-1-01）。依此推演，空间中担当实体的不仅仅是建筑结构，还包括其他能够构成虚的任一物态，如植被、雕塑、水体等，建筑的构成本身只是"虚在内实在外"的一种格局，而园林景观中，景墙隔断、雕塑等元素，则多为虚在外实在内的模式。

此外，关于实与虚的理解，还可以扩延到物理的和精神的层面，这样，园林景观的空间就具有双重性质。它既是实体空间与虚体空间的结合，又是由物理空间（实）与人的艺术感受"虚拟空间"（区域的心理暗示）的结合。因此，园林景观空间是实用空间、结构空间和审美空间的有机统一体。当然，也有学者认为可以用有形空间和无形空间加以界定。

二、空间设计中人的主导作用

人是空间设计的本体，对于人与空间关系的研究依托于人体工程学的成果。实验表明，人的视觉心理影响着景观的形态与色彩等要素的设计，人的听觉与嗅觉影响着对景观中综合感知的处理，人体尺度影响着空间单元的体量大小的设定，人的行为模式

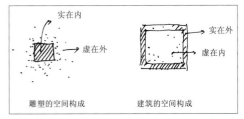

图 2-1-1-01 （王冬梅绘制）

是景观空间交通流程的设计依据，是决定路线是否合理、科学、便捷、美观的参照标准。

1. 空间中人的行为习性对园林景观设计的启发

（1）动物性的行为习性

① 抄近路——空间流程的便捷度

人具有抄近路的习性，尤其当清楚地知道目的地的准确位置时，总会试图选择最短的路程，因此，园林景观道路的设计一定意义上应参考人的这一行为特点。如某高校中心广场的设计改造就是一例围绕人流集散而作的调整。此广场位于教学区、行政区、宿舍、图书馆、运动场之间的要隘，与学校的大门和主干道相邻，因此建校之初出于美化环境而做的大片草坪已不适应多向交叉的人流需要，尽管立着警示标语，频繁穿越仍不可避免。但从交通需求判断，被迫绕行是违背人性的做法。改造后的广场，将植被草皮分散划域，满足四通八达的人流穿行，空间分布也有了一定的序列性，再加上水体与艺术小品的置入，使原本淤塞废置的空间更加实用且具人文性。（见图2-1-2-01至2-1-2-05）

国外设计师曾有过大胆的尝试，在未完成路线设计之前开放景区，然后通过航拍勾勒出人为踩踏的全景路线图，参照修建行

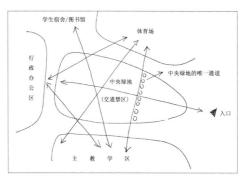

图 2-1-2-01 原有方案的不合理性（王冬梅绘制）

图 2-1-2-02 强制警示的无效方式

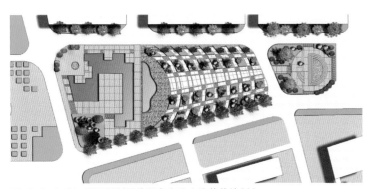

图 2-1-2-03 重新规划后的现有方案（池苗苗绘制）

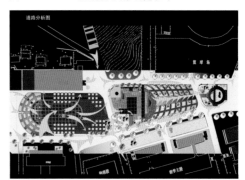

图 2-1-2-04 道路分析图（郭建绘制）

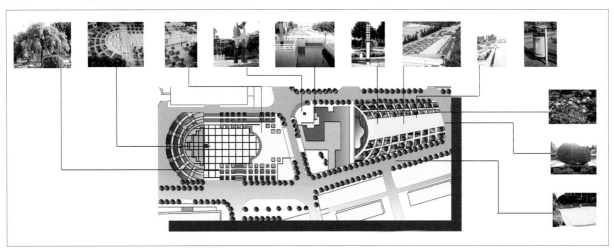

图 2-1-2-05 肆园广场整体规划分析图（孔静绘制）

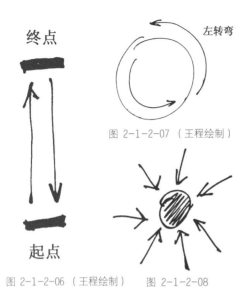

终点　　　　　左转弯

图 2-1-2-07 （王程绘制）

图 2-1-2-06 （王程绘制）　　图 2-1-2-08

起点

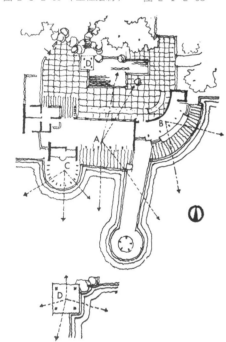

图 2-1-2-09

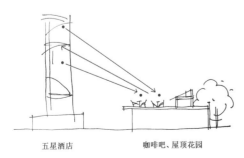

五星酒店　　　　咖啡吧、屋顶花园

图 2-1-2-10 （王程绘制）

走路线。这无疑是以人为本的设计典范。当然这一理念有别于中国古典园林营造手法中曲径通幽的立意。

②识途性——道路设计的安全性原则

一般情况下，人们不熟悉道路时，会边摸索边通往目的地，为了安全则不自觉地按原路返回。灾难的现场报告表明，许多遇难者都是因为本能而原路返回没有迅速寻找正确的疏散出路，失去了逃生的机会。因此，园林景观空间中必须有详细、明确的标志，既起到引导流程的作用，也在突发事件发生时给人以快捷的提示。这是空间设计中最关键的环节之一。（见图2-1-2-06）

③左侧通行、左转弯——空间流向的舒适度

在没有汽车干扰的道路和中心广场，当人群密度达到0.3人/m²以上时，人会自然而然地向左侧通行，这是由于人的右手防卫感强而照顾左侧的缘故。在棒球运动中垒的回转方向以及田径运动的跑道、滑冰的方向均是左向转弯。因此，对于主要出入口方位、景观节点的序列和宏观规划都应考虑到人的左侧行走和左转弯的特性。（见图2-1-2-07）

④从众习性、聚集效应——给予公众接触和交往的适宜空间

研究发现，当公共场所的人群密度超过1.2人/m²时，步行速度明显下降，出现滞留，如由于好奇造成围观现象。景观设计倡导娱乐体验，更加强调这一效应的科学把握，即研究如何运用景观节点造成人群滞留，并激发人们尤其儿童参与到环境中。当然，滞留空间的尺度和形态要适宜人群的聚集和交互活动。出于安全避险的考虑，应合理妥善地处理景区与周围疏散通道的关系。[11]（见图2-1-2-08）

（2）互为体验的行为习性

公共空间接纳的人群构成较为复杂，人的心理情境、文化、年龄层次各有不同，空间必须有供大部分人活动的场所，又要有个体相对私密的区域。孩子们热衷于被欣赏的愉悦和满足，有人则希望体验偏于一隅的凝神静察，所以，空间中的人在体验环境的同时也有着欣赏与被欣赏的体验。以卞之林的诗作解："你在桥上看风景，看风景的人在楼上看你。明月装饰着你的窗，你装饰着别人的梦。"总之，空间的设计应兼顾私密和公共性，即：注重空间视觉层次的丰富，满足空间类别的多样需求。（见图2-1-2-09/10）

2. 人体尺度是空间比例设定的基准

心理学家萨默（R.Sommer）曾提出：每一个人的身体周围都存在着特定的个人空间范畴，它随身体移动而移动，任何对这个范围的侵犯与干扰都会引起人的焦虑和不安。为了度量这一空间范围，心理学家做了很多实验，结果证明这是一个以人体为中心发散的"气泡"，相当于一个人下意识中的个人领域范围。

（1）空间中人与人的尺度

由于"气泡"的存在，人们在相互交往与活动时，就应该保持一定的距离，而且这种距离与人的心理需要、心理感受、行为反应

等均有密切的关系。霍尔对此进行了深入研究，并概括为5种人际距离：

① 密切距离：0m～0.45m

接近相0m～0.15m，亲密距离、嗅觉敏感、感觉得到身体热辐射

远方相0m.15～0.45m，可接触握手

适合人群：母子、情侣、密友、敌人（保护、爱抚、耳语、安慰、保护、格斗）

不适合：通道的拥挤、坐椅的间距等

② 个体距离：0.45m～1.20m

接近相0.45m～0.75m，促膝交谈，可近距接触，也可向别人挑衅

远方相0.75m～1.20m，亲密交谈，清楚看到对方的表情

适合：密友、亲友、服务人员与顾客

不适合：景亭坐椅相对的距离

③ 社交距离：1.20m～3.60m

接近相1.20m～2.10m，社交文化，同伴相处、协作

远方相2.10m～3.60m，交往不密切的社会距离，这一距离内人们常常有清晰的视线但各自相视走过也不显局促和无礼

④ 公共距离：＞3.60m

接近相3.60m～7.50m，敏锐的人在3.6m左右受到威胁时能采取逃跑或防范行动

远方相：＞7.50m，借助姿势和扩大声音勉强可以交流

⑤ 公众距离＞20.00m

20m～25m平方的空间，人们感觉比较亲切，超出这一范围，人们很难辨识对方的脸部表情和声音，距离超过110m的距离，肉眼只能辨识出大致的人形和动作，这一尺度也可成为广场的参照，超出这一尺度，才能形成广阔的感觉。390m是创造深远、宏伟感觉的尺度。[2]

（2）空间中人与环境的常规比

园林景观环境中，人的美感和舒适度与尺度密切相关。周边实体的高度与中间距离的比例关系，影响视觉和心理的感受。假定实体的高度为H，观看者与实体的距离为D，则有如下几种尺度关系：①D/H＜1，人的视线与外部空间界面构成的夹角大于45°，空间有一种封闭感，界面使人产生压抑感，这种空间为封闭空间。②D/H=1，即垂直视角为45°，可看清实体细部，有一种内聚、安定又不至于压抑的感觉；D/H=2，即垂直视角为27°，可看清实体的整体，内聚、向心，而不至于产生离散感；D/H=3，即垂直视角为18°可看清实体与背景的关系，空间离散，围合性差。③D/H＞3，则空旷、迷失、荒漠的感觉相应增加，这种空间为开敞空间。[3]（见图2-1-2-11）

（3）避难空间的安全尺度

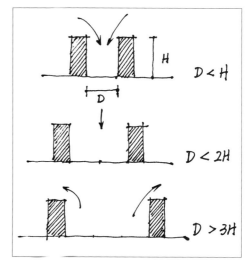

图 2-1-2-11 （王程绘制）

33

图 2-2-1-01 休闲空间

图 2-2-1-02 休闲空间

图 2-2-1-03 休闲空间（朱理东 重庆大学）

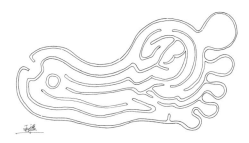

图 2-2-1-04 迷宫——特型空间（王程绘制）

① 中心防灾公园：场地面积一般要达到或大于50hm²，即使公园四周发生了严重大火，位于公园中心避难区的避难者依然安全。

② 固定防灾公园：场地面积一般在（10 ~ 50）hm²，当面积为25hm²，若公园两侧发生的火灾，避难者受到威胁时向无火的方向转移仍然有保障；当面积为10hm²，若公园一侧发生的火灾，避难者也有安全保障。

③ 紧急防灾公园：场地面积一般不小于1hm²，考虑至少容纳500人。[4]

第二节 园林景观的空间类型

一、按使用性质分类

1. 休闲空间：休闲是指在非劳动和非工作时间内以各种"玩"的方式求得身心的调节与放松，达到体能恢复、身心愉悦、保健目的的一种生活方式。休闲空间就是满足以上功能的相对于劳作的休憩空间，包括公园、步行街、居住区绿地、娱乐广场等，空间较开阔舒适。（见图2-2-1-01至2-2-1-04）

2. 特型空间：所谓特型空间是指跳出常规的思维模式或具有特殊目的、为特定的对象服务而营建的景观空间。在这些景观空间中，设计目标明确，针对性强，并具有具象的诱发与抽象的联想，追求创新精神与时代特色。城市公共绿地中针对儿童、老年人的活动空间，具有相对固定的使用人群和相应的服务要求，亦属于特型景观空间（见图2-2-1-05至2-2-1-07）。在针对具体基地情况进行处理的过程中，滨水景观空间、街道景观空间、城市产业废弃地的生态修复等都可以成为特型景观空间。（见图2-2-1-08/09）

二、按人对空间的占有程度分类

1. 公共空间：所谓的公共空间一般指尺度较大，人们较易进入，周边拥有较完善的服务设施，其公共空间开放程度最大、个体领域感最弱。这样的空间，常常被称为城市的客厅。这类空间除了带来丰富多彩的户外活动外，通常还作为区域或城市的标志性空

图 2-2-1-05 休闲空间（孙富贤绘制）

图 2-2-1-06 特型空间

图 2-2-1-07 特型空间

图 2-2-1-08 特型空间

间。因此公共空间除了多样的功能特征外，还具有标志和象征的意义。包括城市广场、商业步行街、综合社区中心以及开放的公园和绿地等。（见图2-2-2-01至2-2-2-04）

2. 半公共空间：相对于公共空间，半公共空间则在空间的领域感上有所要求，尽管与公共空间在性质上很相似，但使用者对于空间的认同感强于公共空间。这类空间常包括社区的入口、居住区的中心绿地和道路以及住宅组团之间的活动场地（烧烤区，网球场，溜冰场等）。（见图2-2-2-05至2-2-2-08）

3. 半私密空间：半私密空间在领域感上有程度更深、更细致的要求。这类空间的尺度相对较小，围和感强，人在其中感觉对空间有一定的控制和支配的能力。这样的空间通常包括公园的长廊，安静的小亭，开放的门前花园以及宅间的道路等地方。（见图2-2-2-09至2-2-2-11）

4. 私密空间：私密空间在四种空间类型之中个体领域感最强，对外开放性最小，通常在尺度的大小，领域的归属感以及场地的所有权等方面有着更加严格的要求。通常包括住宅的前庭后院，公园里幽深的亭阁，密林中小块的空地等。（见图2-2-2-12至2-2-2-15）

图 2-2-1-09 特型空间

图 2-2-2-01 公共空间

图 2-2-2-02 公共空间

图 2-2-2-03 公共空间

图 2-2-2-04 青岛标志性公共空间：五四广场（王冬梅摄）

图 2-2-2-05 半公共空间

图 2-2-2-06 半公共空间

图 2-2-2-07 半公共空间

图 2-2-2-08 半公共空间

图 2-2-2-11 半私密空间

图 2-2-2-09 半私密空间

图 2-2-2-12 私密空间

图 2-2-2-10 半私密空间

图 2-2-2-13 私密空间

图 2-2-2-14 私密空间

图 2-2-2-15 私密空间

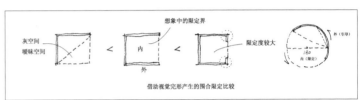

图 2-2-3-01 围合空间图示（王程绘制）

三、按空间的构成方式分类[5]

景观设计的初步要解决空间的宏观与微观处理，在原有空间的基础上，设计者可以通过种种限定手法塑造和构成更为丰富多层次的空间状态，通常有如下几种：围合、设立、架起、凸起、凹入、覆盖、虚拟与虚幻等。

1. 围合空间：围合是最典型的空间限定方法，是通过立面围合形成的空间，具有明确的范围和形式，最易使人感受到它的大小、宽窄和形状，且与外部空间的界限分明。园林景观中，起到屏障作用的隔断、景墙、植被等元素都可以被作为围合限定元素使用。其封闭程度、与人的尺度比，以及材料的通透度等差异，均会使人产生不同程度的限定感。

（1）界面封闭程度决定围合限定度

图2-2-3-01所示，无论矩形或圆形空间，限定度与人对空间的感知直接相关，当界面封闭程度较弱时，人会通过直觉完整化空间，但空间感较弱，面积近乎灰度；随着界面封闭程度增加，空间感更易趋向完整；当界面接近完全封闭时，空间感达到最强；反之，随着围合界面的减少，空间限定度随之弱化（见图2-2-3-02）。

（2）界面与人的高度比，及其与人的远近决定围合限定度

图2-2-3-03/04所示，当垂直界面较低，相距较远，使人的视线可轻易穿越，空间限定程度最弱；当垂直界面略高于人的身体尺度且相距较近时，空间限定程度随之增强；当垂直界面的高度是人的身体尺度的倍数且相距更近时，空间限定程度最强。

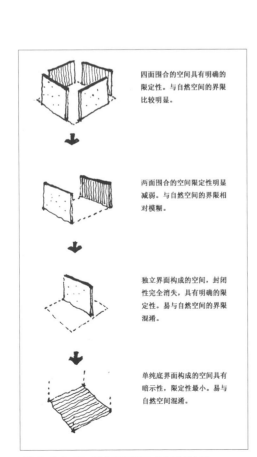

四面围合的空间具有明确的限定性。与自然空间的界限比较明显。

两面围合的空间限定性明显减弱。与自然空间的界限相对模糊。

独立界面构成的空间，封闭性完全消失，具有明确的限定性。易与自然空间的界限混淆。

单纯底界面构成的空间具有暗示性，限定性最小。易与自然空间混淆。

图 2-2-3-02 围合空间图示（王程绘制）

（3）界面材料的通透度决定围合限定度

如图2-2-3-05至2-2-3-08所示，当界面材料为实体且视觉上无法穿越时，空间限定度最强；当界面材料为实体但比较通透并具有一定的可视性时，限定度较弱；当构成界面的材质分布稀疏，可视性较好时，空间限定度最弱。

2. 设立空间：设立是一种含蓄的空间暗示手法，是通过单个或成组元素的设置，在原有空间中产生新的空间，它通常表现为外部虚拟的环形空间，或是具有通道的特定功能，或起到视线焦点的引导作用（见图2-2-3-09）。它所达到的限定感与限定元素的高度、体量、材质、布局形式及蕴含的文化内涵对人心理的作用都有关，并且暗示程度因人而异。

景观中可以作为设立元素的如：亭榭、牌坊等建筑，石凳、坐椅等设施，雕塑、栽植等。图2-2-3-10通过重复排列的倒L形景墙形成了特定的狭长通道；图2-2-3-11/12通过单一的门坊设立，在下部产生一处可穿越的特定通道；2-2-3-13/14是不同形态和材质的观景塔楼，它的设立主要是利用上部空间实施观景功能，而本身也是环境中具有形式美感的建筑符号；2-2-3-15的趣味椅凳的设立，是利用心理暗示效应限定了一处休闲的所在；2-2-3-16兼具装饰和导向性质。后两者均带有一定的装置效果，是环境中的视觉焦点。

3. 凸起空间：凸起可以看做是不解放下部空间的"架起"，是为强调、突出和展示某一区域而在原有地面上形成高出周围地面的空间限定手法，其限定度随凸起高度而增加，凸起空间本身会成为关注的焦点或起到分流空间的作用。当凸起手法用于地台时（见图2-2-3-17），处在上方的人有一种居高临下的优越方位感，视野开阔。

图2-2-3-18是凸起形式的特色纪念碑，其个性鲜明，既起到引人驻足、传达信息的功能，又与大广场的开阔相得益彰；图2-2-3-19的浮雕是利用水平界面的凸起造成独特的视角，有蕴涵但不张扬，与创作的主题一致；图2-2-3-20是公园雕塑的台基，起到突出主题、丰富空间层次的作用，如果是可上人的台地，其台阶高度应遵循人体工程学尺度，并做适当防护。

4. 凹入空间：凹入是与凸起相对的一种空间限定手法。凹入空间的底面标高比周围空间低，有较强的空间围护感，性格内向。它与凸起都是利用地面落差的变化来划分空间的。处在凹入空间中的人视点较低，感觉独特新鲜。与凸起相比，凹进具有隐蔽性，凸起具有显露性。如图2-2-3-21至2-2-3-23均为城市下沉式广场，气氛相对静谧，它一定程度地限制了人们的活动，也起到缓解交通压力的分流作用，从高处俯看可以获得居高临下的视觉感受；图2-2-3-24的游泳池是典型的凹入空间，其凹入的限定度随凹进程度而增强，当然，凹进度应服从安全需求。

5. 架起空间：架起空间与凸起有一定的相似，它是在原空间

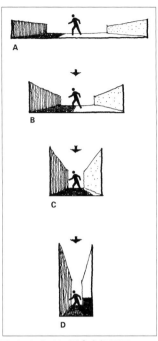

图 2-2-3-03 围合空间图示

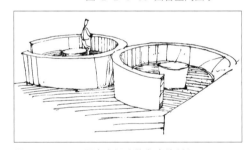

图 2-2-3-04 围合空间（鞠东晓绘制）

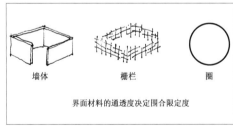

界面材料的通透度决定围合限定度

图 2-2-3-05 围合空间图示（王程绘制）

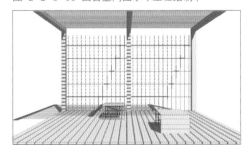

图 2-2-3-06 围合空间（王程绘制）

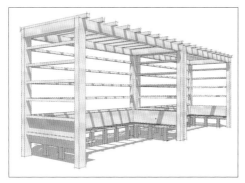

图 2-2-3-07 围合空间（王程绘制）

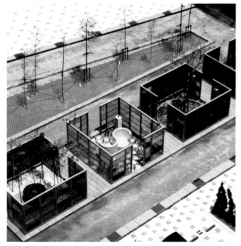

图 2-2-3-08 围合空间

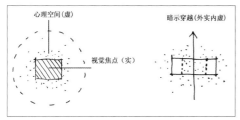

图 2-2-3-09 设立空间（王冬梅绘制）

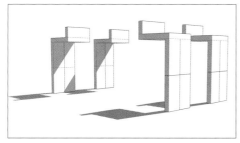

图 2-2-3-10 设立空间（王程绘制）

的上方通过支架形成一个脱离于原地面的水平界面，其上部空间为直接限定，承担主要功用，而下部腾空形成间接限定，承担次要功用，仅满足通风、造型的需要。

架起空间的上部限定度强，架起越高，限定感越强；下部限定度弱，是附带的覆盖。图2-2-3-25所示，高落差的架起造成了竖向空间的明确分割，形成了上下部的层次；图2-2-3-26/27所示，架起面较大但离地不高，其上部空间是功能主体，满足休闲餐饮的面积需要；图2-2-3-28至2-2-3-30，都是在水面上起连接作用的汀步与桥梁，上部作为通道使用，下部与水面形成一定距离保持基本安全和通风；图2-2-3-31是桥梁符号的形态抽象，它在具有秩序感的空间构成基础上略微架起，既丰富了空间层次，又以隐晦的手法在人工景观中融入了自然感受。

6. 覆盖空间：覆盖是空间限定的常用方式。它一般借助上部悬吊或下部支撑，在原空间的上方产生近乎水平界面的限定元素，从而在其正下方形成特定的限定空间，这一手法称为覆盖。雨伞就是活动性的覆盖空间。

覆盖空间的限定度因限定元素的质地与透明度、结构繁简、体量大小，以及离地面距离等的差异而不同。室外环境中可作为覆盖空间的有景亭、候车亭、回廊、树木等。亭者，停也，图2-2-3-32是古代堆土亭的施工示意图，清晰地还原了亭子营造中利用下部实空间向虚空间的成功转化，亭内也因为顶部的水平限定形成了有别于其外的相对静止空间；图2-2-3-33以户外弹性拉膜材料覆盖，其透光性强，相对于实体材料，其限定度较弱；图2-2-3-34/35，后者比前者结构复杂、体量大，所以其限定度比前者略强；图2-2-3-36反映出空间限定度与覆盖面（A）及覆盖面距地面高度(H）的比例关系，在A不变的情况下，H越高，与人身高比差越大，限定度越弱。

同时，覆盖也是空间引导的方式之一。覆盖面呈阶梯或曲面状起伏时，下部空间将被多次限定，从而完成方向性的引导。

7. 虚拟和虚幻空间

虚拟空间是指在原空间中通过微妙的局部变化再次限定的空间，它的范围没有明确的隔离形态，也缺乏较强的限定度，通常依靠不同于周围的材料、光线、微妙高差、植栽手法来暗示区域，或通过联想和视觉完形来实现，亦称心理空间（见图2-2-3-37/38）。

虚幻空间是戏剧性空间处理手法，它利用人的错觉与幻觉，构成视觉矛盾，并利用现代技术的一切可能性，如水、雾、声、光、电、镜面、迷彩等技术与人造材料的综合运用，创造有丰富审美体验的景观空间。图2-2-3-39至2-2-3-43运用镜面反射原理，借助镜面材料和水的反射来混淆虚实，追求神秘、新奇甚至荒诞的效果。也有运用色彩的强烈对比、照明的变幻莫测、线型的动荡、图案的抽象制造视错觉的做法，以丰富空间层次。

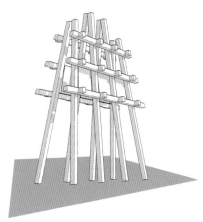

图 2-2-3-11 设立空间（张石永绘制）

图 2-2-3-12 设立空间（王冬梅摄于深圳世界公园）

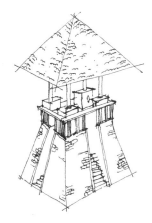

图 2-2-3-13 设立空间（陈艳绘制）

图 2-2-3-14 设立空间

图 2-2-3-15 设立空间

图 2-2-3-16 设立空间（王冬梅摄）

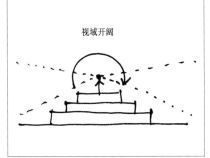

图 2-2-3-17 凸起空间（王冬梅绘制）

图 2-2-3-18 凸起空间

图 2-2-3-19 凸起空间

图 2-2-3-20 凸起空间（孙富贤绘制）

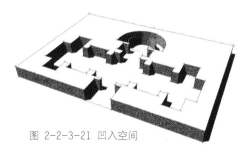

图 2-2-3-21 凹入空间

图 2-2-3-22 凹入空间（王冬梅摄于深圳）

图 2-2-3-23 凹入空间（王冬梅摄于青岛）

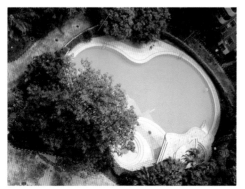

图 2-2-3-24 凹入空间（王冬梅摄于深圳）

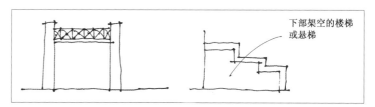

图 2-2-3-25 架起空间图示（王程绘制）

图 2-2-3-26 架起空间（鞠东晓绘制）

图 2-2-3-27 架起空间

图 2-2-3-28 架起空间（王程绘制）

图 2-2-3-29 架起空间（李栋 重庆大学）

图 2-2-3-30 架起空间（王冬梅摄于杭州西溪）

图 2-2-3-31 架起空间

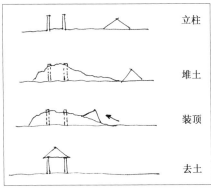

图 2-2-3-32 覆盖空间-鲁班亭、堆土亭

图 2-2-3-33 覆盖空间

图 2-2-3-34 覆盖空间（张石永绘制）

图 2-2-3-35 覆盖空间 （孙富贤绘制）

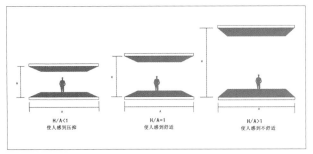

图 2-2-3-36 覆盖空间

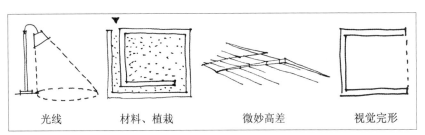

图 2-2-3-37 虚拟空间（王冬梅绘制）

图 2-2-3-38 虚拟空间（王冬梅摄于泰山）

图 2-2-3-39 虚幻空间

图 2-2-3-40 虚幻空间

图 2-2-3-42 虚幻空间

图 2-2-3-41 虚幻空间

图 2-2-3-43 虚幻空间

图 2-3-1-01

图 2-3-1-02 （王冬梅摄于香港星光大道）

图 2-3-1-03

第三节　空间序列中的现代构成法则

景观空间设计的基本构成元素有点、线、面、形体、色彩、肌理等，其中由点成线、由线成面、由面成体是最重要的组织构成方式，而色彩与肌理则赋予形体精神定义。

一、构成语言的应用

1. 点的聚焦与造境

从几何学的角度理解，点是一个"只有位置，没有面积的最基本几何单位"，是一切形体的基本要素；从设计学的角度理解，点是一种"具有空间位置的视觉单位"，它在理论上没有方位、没有长宽高，是静态的，但实际上却是具有绝对面积和体积的，这完全取决于它与周围环境的相对关系。在景观序列中，只要在对比关系中相对小的空间与形体，如小体量的构筑物、植栽、铺装、灯具等都可视为点。

点一方面可以作为贯通空间的景观节点：当景观中的多个点产生节奏性运动时就构成了景观序列的节点，点的连续运动便构成了带状景观，一定程度起到引导流程的作用；另一方面点可以作为空间中聚焦和造境的手段：构成点的可见材料、形式、色彩等会强化点给人的心理感受，使之成为视觉的焦点，如灯具、雕塑、导向牌；而点的组织方式也有创造情境的作用，有规律排布的点，给人一种秩序井然的感觉，反之则有活泼灵动的效果（见图2-3-1-01/02）。

2. 线的透视与导引

线从几何学的角度理解是"点的移动轨迹"或"面与面的交接处"。在景观设计中，凡长度方向较宽度方向大得多的构筑物和空间均可视为线，如：道路、带状材质、绿篱、长廊等。

线在造型范畴中，分为直线、斜线、曲线，线由不同的组合形式表达各种情感和意义。直线，是景观设计中最基本的形态，在景观构成中具有某种平衡性，因为直线本身很容易适应环境，它是构成其他线段的理论与造型基础；曲线与折线可视为直线的变形线，曲线，在自然景观与人工景观中都是最常见的形式，能缓解人的紧张情绪，使人得到柔和的舒适感；斜线，最具动感与方向性，有出色的导向性与方向感（见图2-3-1-03/04）。

图 2-3-1-04

园林景观中，道路、长廊的线性特征可以产生明确的方向；高大绿化的有韵律地排列与道路的结合具有强烈的透视效果（见图2-3-1-05）；线性材质运用在垂直界面时，表现为竖向可以加强空间的高度感，表现为水平时则有降低高度，扩大空间的作用，同样，点的尺度变化也会起到调节空间感的作用（见图2-3-1-06）。

3. 面的联想与重构

面从几何学的角度理解是"线的移动轨迹"或"体与体的相接处"，直线展开为平面，曲线展开为曲面。在平面中，水平面平和宁静，有安定感，垂直面较挺拔，有紧张感，斜面动势强烈，曲面则常常显得温和亲切、奔放浪漫。

面的视觉形态及排列方式体现着一定的空间精神和性格。圆形空间，限定感较强，给人以愉悦、温暖、柔和、湿润的联想；三角形给人以凉爽、锐利、坚固、干燥、强壮、收缩、轻巧、华丽的联想；矩形给人以坚固、强壮、质朴、沉重、有品格、愉快的联想。

空间设计之初最关键的工作，就是根据功能经营面积，根据实际使用需求确定各个空间形状、大小、交叠与穿插关系，然后遵循"相交""相切""相离"的解构法则推衍空间格局和道路划分（见图2-3-1-07）。其形态繁衍方式如下（见图2-3-1-08）：

（1）原形分解：一种是将整形分解后，选取最具特征的局部形态分裂变异，重新组合；

（2）移动位置：打破原有组织形式，将原形移动分解后重新排列；

（3）切除：选择具有视觉美感的角度将原形逐步分切，保留最具特征的部分，切除其他，重新构成。

总之，打散重构的方法，就是将原形分解后对形象进行变异，转化，使之产生新形，这是空间设计对平面构成语言、图形创意手法的借鉴，会带来强烈的形式美感（见图2-3-1-09）。

图 2-3-1-05

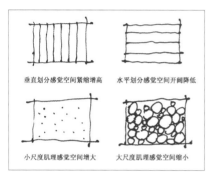

垂直划分感觉空间繁缩增高　　水平划分感觉空间开阔降低

小尺度肌理感觉空间增大　　大尺度肌理感觉空间缩小

图 2-3-1-06 （王程绘制）

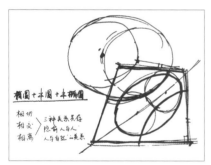

图 2-3-1-07

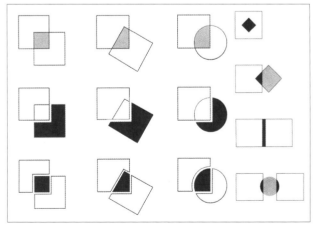

图 2-3-1-08

图 2-3-1-09

图 2-3-1-10

图 2-3-1-11

图 2-3-1-12

4. 色彩与质感的丰富知觉

在景观空间中，色彩是重要的造型手段，最易于创造气氛，传达感情，通常人通过视觉进行感知，造成特定的心理效应。它的存在必须依托于实体，但比实体具有的形态、材质、大小有更强的视觉感染力。作为一种廉价的设计手法，只要进行巧妙组合就能创造出神奇的空间氛围。

色彩因色相、明度、饱和度的不同给人以冷暖、软硬、轻重的直观感受，而且具备一定的象征意义。景观环境中色彩的应用可以借鉴其基本属性和心理效应加以定位，然后在定位的框架内完成配色，方法有三类：

（1）同类色相配色法：采用某一种色彩，做明度、饱和度的微妙变化，其最大的优点是色彩过渡细腻、情感倾向明确，但要避免单调化。同类色相配色法一般用于相对静谧的空间（见图2-3-1-10）。

（2）类似色配色法：选择一组类似色，通过其明度和饱和度的配合，产生一种统一中富有变化的效果，这种方法容易形成高雅、华丽的视觉效果，适合于中型空间和动态空间（见图2-3-1-11）。

（3）补色配色法：选择一组对比色，充分发挥其对比效果，并通过明度与饱和度的调节及面积的调整而获得鲜明的对比效果。其视觉感强烈活泼，适合大型动态空间。如果加入无彩色或过渡色还可以取得更为和谐统一的效果（见图2-3-1-12）。

材料与质感是园林景观设计的重要元素，成功的设计离不开对材质的独到运用。常见材料按质地可以分为硬质材料和柔性材料，按其加工程度可以分为精致材料和粗犷材料，按其种类可以分为天然材料和人工材料。

材料的物理学特性给人以不同的感受，如重量感、温度感、空间感、尺度感、方向感、力度感等，使人可以更深入体会空间的精妙。所以，对于材料的搭配除遵循相似、对比、渐变等基本法则外，还要考虑材质质感与观赏距离的关系，既要有远视觉的整体效果也要有近观的细部；同时，要考虑质地与身体触感的关系，如借助地面铺装实现按摩保健、情境感知等功用，所以经过精心设计的质感空间，往往有利于鼓励人的参与，使场景更具亲和力；再者，还要充分考虑质地与空间面积的关系，粗犷的材质有前趋感，易造成空间的"收缩"和"膨胀"，反之，细腻的材质有"收敛"和"静默"感，比较适宜较小和静态的空间。（见图2-3-1-13/14）

总之，材质的运用应当尽可能结合空间的功能，创造诸如亲切的、易于接近的、严肃的、冷峻的、远离的、纪念性的等各种性格的空间，利用不同质感的进退特征塑造空间的立体感、深远感。

图 2-3-1-13

图 2-3-1-14

图 2-3-2-01

二、设计元素的形式美法则

1. 比例与尺度

比例是空间各序列节点之间、局部与周边环境之间的大小比较关系。景观构筑物所表现的不同比例特征应和它的功能内容、技术条件、审美观点相呼应。合适的比例是指景观各节点、各要素之间及要素本身的长、宽、高之间有和谐的整体关系。尺度是景观构筑物与人身体高度、场地使用空间的度量关系。如果高度与常规的身高相当，则给人以亲切之感，如果高度远远超出常规身高，则给人以雄伟、壮观的感受。所以，在空间设计中可以把比例与尺度作为塑造空间感的手段之一。（见图2-3-2-01）

2. 对比与微差

对比是指要素之间的差异比较显著，微差则指要素之间的差异比较微小，在景观设计中，二者缺一不可。对比可以借景观构筑物和各元素之间的烘托来突出各自的特点以求变化；微差则可以借相互之间的共同性求得和谐。没有对比，会显得单调，过分对比，会失去协调造成混乱，二者的有机结合才能实现既变化又统一。

图 2-3-2-02

空间设计中常见的对比与微差包括：形态、体量、方向、空间、明暗、虚实、色彩、质感等方面。巧妙地利用对比与微差具有重要的意义。景观设计元素应在对比中求调和，在调和中求对比。（见图2-3-2-02）

3. 均衡与稳定

均衡是景观轴线中左右、前后的对比关系。各空间场所、各景观构筑物，以及构筑物与整体环境之间都应当遵循均衡的法则。均衡最常用对称布置的方式来取得，也可以用基本对称以及动态对称的方式来取得，以达到安定、平衡和完整的心理效果。对称是极易达到均衡的一种方式，但对称的空间过于端庄严肃，适用度受限；基本对称是保留轴线的存在，但轴线两侧的手法不完全相同，这样显得比较灵活（见图2-3-2-03/04）；动态均衡是指通过前后左右等方面的综合思考以求达到平衡的方法，这种方法往往能取得灵活自由的效果（见图2-3-2-05）。

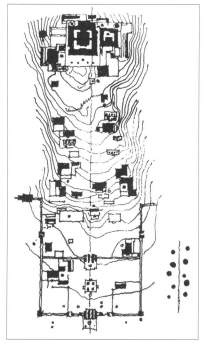
图 2-3-2-03

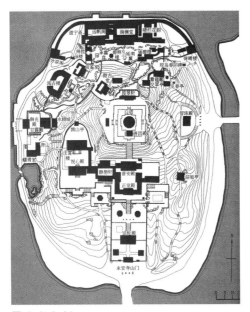

图 2-3-2-04

稳定是指景观元素形态的上下之间产生的视觉轻重感。传统概念中，往往采用下大上小的方法获取体量上的稳定，也可利用材料、质地、色彩的不同量感来获得视觉心理的稳定。

4. 韵律与节奏

韵律与节奏是视觉对音乐的通感，表现在空间设计中，通常是将具有同一基因的某一元素作有规律、有组织的变化，其表现形式有连续韵律、渐变韵律、起伏韵律、交错韵律等。连续韵律一般是以一种或几种要素连续重复排列，各要素之间保持恒定的关系与距离，可以无休止地连绵延长，往往可以给人以规整整齐的强烈印象；渐变韵律是指连续重复的要素按照一定的秩序或规律逐渐加长或缩短、变宽或变窄、增大或减小，产生的节奏和韵律，具有一定的空间导向性；当连续重复的要素相互交织、穿插，就可能产生忽隐忽现的交错韵律；当渐变韵律按照一定的规律时而增加、时而缩小，有如波浪起伏或者具有不规则的节奏感时，即形成起伏韵律。

空间中的韵律可以通过形体、界面、材质、灯具、植栽等多种方式来实现。这样，由于韵律本身具有的秩序感和节奏感，就可以使园林景观的整体空间达到既有变化又有秩序的效果，从而体现出形式美的原则（见图2-3-2-06至2-3-2-09）。

图 2-3-2-05

图 2-3-2-06

图 2-3-2-07

图 2-3-2-08

图 2-3-2-09

第四节　园林景观空间构成的细部要素设计

一、地面铺装

铺装是指在环境中采用天然或人工铺地材料，如沙石、混凝土、沥青、木材、瓦片、青砖等，按一定的形式或规律铺设于地面，又称铺地。铺装不仅包括路面铺装，还包括广场、庭院、户外停车场等地的铺装。园林景观空间的铺装有别于纯属于交通的道路铺装，它虽然也为保证人流疏导，以便捷为原则，但其交通功能从属于游览的需求。因此，色彩和形式语言都相对丰富，同时因为大多数园林中的道路需要承载的负荷较低，在材料的选择上更趋多样化，肌理构成更为巧妙宜人。

园林景观的铺装通常与建筑物、植物、水体等共同组景，因地制宜，在风格、主题、氛围等方面与周围环境协调一致。手法上可做单一材料的趣味拼接，可利用不同质地色彩做图形构成，可结合树根、井盖做美化与保护（见图2-4-1-01至2-4-1-10）；形式上可借鉴某种生活体验加以抽象，使人联想水流、堤岸、汀步、栈桥、光影、脚印等；甚至在主题上加以创意表现，例如置入钟表、手模等概念（见图2-4-1-11至2-4-1-18）。

二、植物要素设计

植物是软质景观的一种，具有维持生态平衡、美化环境等作用，集实用机能、景观机能等多重意义。罗宾奈特在《植物、人和环境品质》中将植被的功能总结为如下四个方面——①建筑功能：界定空间、遮景、提供私密性空间和创造系列景观等；②工程功能：防止眩光、防止土壤流失、防噪音及交通视线诱导；③调节气候功能：遮阳、防风、调节温度和影响雨水的汇流等；④美学功能：强调主景、框景及美化其他设计元素，使其作为景观焦点或背景。

植物的形态是构成景观环境的重要因素，为景观环境带来了多种多样的空间形式。它是活的景观构筑物，富有生命特征和活力。

1. 园林景观植物设计的常规手法

（1）乔木："园林绿化，乔木当家"。因其高度超过人的视线，在景观设计上主要用于景观分隔与空间的围合。处理小空间时，用于屏蔽视线与限定不同的功能空间范围，或与大型灌木结合，组织私密性空间或隔离空间。

（2）灌木：灌木在园林植物群落中属于中间层，起着将乔木与地面、建筑与地面之间连贯和过渡的作用。其平均高度与人的水平视线接近，极易形成视觉焦点。灌木是主要的观赏植物，可与景物如假山、建筑、雕塑、凉亭等配合，亦可布置成花镜。

（3）花卉：广义上的花卉是指具有观赏价值的植物的总称。露天花卉可布置为：

①花坛：多设于广场、道路、分车带及建筑入口处。一般采取规则式布置，有单棵、带状或成群组合等类型；②花镜：用多种花卉组成的带状自然式布置。它将自然风景中花卉生长的规

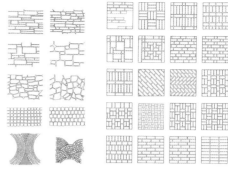

图 2-4-1-01　　　　　图 2-4-1-02

图 2-4-1-03 （王冬梅摄于故宫）

图 2-4-1-04 （王冬梅摄于天坛）

图 2-4-1-05 （王冬梅摄于苏州网师园）

图 2-4-1-06

图 2-4-1-07

图 2-4-1-08

图 2-4-1-09 （王冬梅摄于故宫）

图 2-4-1-10 （王冬梅摄于青岛海信广场）

图 2-4-1-11

图 2-4-1-12

图 2-4-1-13

图 2-4-1-14

图 2-4-1-15

图 2-4-1-16

图 2-4-1-17 （王冬梅摄于香港街头）

图 2-4-1-18 （王冬梅摄于香港星光大道）

律，用于造园中，具有完整的构图，这是英式园林的主要特征；③花丛和花群：将自然风景中野花散生于草坡的景观应用于园林中，增加环境的趣味性与观赏性；④花台：将花卉栽植于台座之上，面积较花坛小。花台一般布置1~2种花卉；⑤花钵：是与建筑结合的花台，钵用木材、石材、金属做成，本身就是建筑艺术品，风格或古典、或新古典、或现代，钵内可直接植栽，也可按季放入盆花；⑥与地被共栽：高度限制于200mm以下。

（4）藤本植物：藤本植物是指本身不能直立，需借助花架匍匐而上的植物，有木本与草本之分。其配置方法如：①棚架式与花架式绿化；②墙面绿化；③藤本植物与老树、古树相结合，形成"枯木逢春"之感；④藤本植物用于山石、陡坡及裸露地面，既可减少水土流失，又可使山石生辉，与建筑的结合则更赋予人工造物自然情趣。常用植物有爬墙虎、紫藤、凌霄、常春藤等。

（5）水生植物：水生植物可分为挺水、浮叶、沉水、岸边植物等数种。水生植物对水景起着画龙点睛的作用，可增加生态感觉。

①水面植物的配置：使水面色彩、造型丰富，增加情趣和层次感。常用品种有荷花、睡莲、玉莲、香菱等；②水体边缘的植物配置：使水面与堤岸有一个自然过渡，配置时宜与水边山石配合。常用菖蒲、芦苇、千屈草、风车草、水生鸢尾等；③岸边植物配置：水体驳岸按材料可分为石岸、混凝土岸和土岸。石岸与混凝土岸生硬而枯燥，岸边植物的配置可以使其变得柔和。[6]（见图2-4-2-01至2-4-2-11）

2. 园林景观中植物的极简主义设计

极简主义园林中植物形式简洁、种类较少、色彩比较单一。主要手法如下：

（1）孤赏树

孤赏树即孤植树，是在植物选材的数量上简化到了极致，只用一棵乔木构成整个景区的植物景观。设计师往往会对树木有较高的要求，优美的形态、引人注目的色彩或质感是这些树木具备的特点。要求设计运用最简约化的元素深刻阐释空间意义，将极简主义"以少胜多"的思想精髓充分展现出来。（见图2-4-2-12/13）

（2）草坪、修剪整形的绿篱

修剪整齐的草坪也是极简主义中常见的植物种植形式。草坪本身有将园林不同的空间联系成一体的功能，同时也具备单纯均匀的色彩和质地，修剪整齐后会形成简洁的色块，利于游人集散，从而创造出绿意、典雅、令人愉悦的场地。（见图2-4-2-14至2-4-2-22）

（3）苔藓

苔藓是景观大师们从东方古典园林中寻找到的极简主义元素，日本的枯山水意以方寸营造万里的手法值得借鉴。而代表

图 2-4-2-01

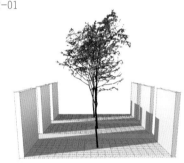

图 2-4-2-02 （王程绘制）

图 2-4-2-03 （王琼琼绘制）

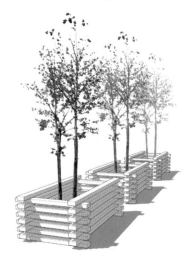

图 2-4-2-04 （王程绘制）

图 2-4-2-05 （王程绘制）

"山之毛发"的树木在极简主义手法中演化为石上的苔藓，但较之草坪，苔藓在意境营造上却更胜一筹。因为它"以小见大"给人以置身于葱茏山林的感受，从而具备了一种东方园林的神秘感。（见图2-4-2-23）

（4）片植的纯林

如果说孤赏树是在植物个体数量上的"极简"，那么纯林则是在种类数量上的"极简"。极具雕塑形状的仙人掌和欧洲刺柏、修长挺拔疏落有致的竹子都是极简主义园林中常用的元素，再以大块熔岩作陪衬则更似一座座自然的雕塑。其刚柔相济，极具现代艺术的特点。（见图2-4-2-24/25）

（5）模纹花坛

模纹花坛是西方古典园林常用的种植形式，也是现代设计师从古典园林中吸纳的极简主义元素之一。古典的模纹手法以极简的现代构图重新组合，达到了现代与古典美的结合。（见图2-4-2-26）

（6）整齐的树阵

按网格种植的树阵也是极简主义园林中常用的手法。其整齐的方队式排列，体现出同一元素有序重复的壮观。[7]（见图2-4-2-27/28）

图 2-4-2-06 （王冬梅摄于泰山）

图 2-4-2-07 （王冬梅摄于青岛）

2-4-2-09 （王冬梅摄于青岛海信大厦）

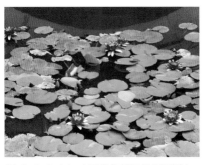

图 2-4-2-11 （王冬梅摄于杭州西溪）

图 2-4-2-08

图 2-4-2-10 （王冬梅摄于西湖）

图 2-4-2-12 孤赏树（王冬梅摄于苏州博物馆新馆）

图 2-4-2-13 孤赏树

图 2-4-2-14 草坪（王冬梅摄于青岛）

图 2-4-2-15

图 2-4-2-16

图 2-4-2-17

图 2-4-2-18

图 2-4-2-19

图 2-4-2-20

图 2-4-2-21

图 2-4-2-22

图 2-4-2-23

图 2-4-2-24

图 2-4-2-25

图 2-4-2-26

图 2-4-2-27

图 2-4-2-28 （王冬梅摄于青岛）

图 2-4-3-01 曲水流觞（王冬梅摄于故宫）

图 2-4-3-02 曲水流觞

图 2-4-3-03

三、水体要素设计

中国园林景观的水文化源远流长。"曲水流觞"是文人士大夫饮酒作诗、游娱山水的一种方式，通常是在自然山水间选一蜿蜒小溪，置酒杯于溪中顺流而下，然后散坐于溪边，待酒杯于转弯处停滞之时，溪边之人须吟诗一首并饮尽杯中之酒，然后斟满酒杯，继续漂流。在现代园林中，曲水流觞又重新回归大自然，贝聿铭先生在北京香山饭店的花园中设计了一处曲水流觞平台——流华池，作为景园中的主景，充分体现了中国的传统文化。（见图2-4-3-01/02）

1. 水的基本表现形式

水景是景观最活跃的因素，环境因水的存在而灵动。其基本表现形式有四种：

（1）流水：有急缓、深浅之分，也有流量、流速、幅度大小之分；

（2）落水：水源因蓄水和地形条件之影响而有落差溅潭。水由高处下落则有线落、布落、挂落、条落、多级跌落、层落、片落、云雨雾落；

（3）静水：平和宁静，清澈见底；

（4）压力水：有喷泉、溢泉、间歇水等。（见图2-4-3-03至2-4-3-07）

2. 水与人的相位与距离

根据人与水的亲疏关系，通常分为观水设计和亲水设计两种：

（1）观水设计一般指观赏性水景，只可观赏不具备游嬉性，既可以作为单纯的水景，也可以在水体中种植植物或养殖水生动物以增加其综合观赏价值。这类水景大多依托于一定的载体，例如借助雕塑语言，以具象或抽象的、夸张或怪诞的形态强化视觉感，并尽可能与周边环境的整体风格相适应。

（2）亲水设计一般指嬉水类水景，它提供了承载游戏的功能，人与水的嬉戏也是水景构成的一部分。这种水体本身不宜太深，否则要设置相应的防护措施，以适合儿童安全活动为最低标准。

人们在水空间中非常渴望获得诸多要素的完整体验，需要观水、临水、亲水、戏水并重。

当人与水"零距离"接触时（S=0），人直接参与的，如戏水等；当人与水"近距离"接触时（0＜S≤2m），人主要是贴水、亲水类活动；当人与水"中距离"接触时（2m＜S≤50m），人主要是临水、跨水类活动；当人与水"远距离"接触时（50m＜S≤∞），人主要是观水类活动。[8]（见图2-4-3-08至2-4-3-13）

图 2-4-3-04 （王冬梅摄于深圳）

图 2-4-3-05

图 2-4-3-06 （鞠东晓绘制）

图 2-4-3-07 （王琼琼绘制）

图 2-4-3-08

图 2-4-3-09

图 2-4-3-10 （王冬梅摄于香港迪斯尼）

图 2-4-3-11

图 2-4-3-12

图 2-4-3-13

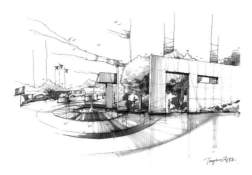

图 2-4-4-1-01 （李栋 重庆大学）

图 2-4-4-1-02

图 2-4-4-1-03

图 2-4-4-1-04 （王冬梅摄于网师园）

四、观景与造景小品设计

1. 景门

景门除了发挥静态的组景作用和动态的景致转换以外，还能有效地组织游览路线，使人在游览过程中不断获得生动的画面，园内有园，景外有景。其形式与材料不拘一格，空间限定手法可与墙体结合也可具备独立的形态，或者由藤生植物等搭建而成，常见有开启的门式和直接通行的坊式。（见图2-4-4-1-01至2-4-4-1-14）

2. 景窗

传统的园窗造景可分为什锦窗和漏花窗两种。什锦窗是在景墙和廊壁上连续设置各种相同或不同的图形作简单、交替和拟态反复的布置，用以构成"窗景"和用作"框景"。漏花窗可以分为砖花格、瓦花格、博古格、有色玻璃和钢筋混凝土漏窗等（见图2-4-4-2-01至2-4-4-2-08）。现代园林景观中形式与材料则更为丰富，不拘一格。

3. 观景亭

亭子除了满足人们休息、避风雨之外，还起到观景和点景的作用，是整个环境的点缀品，现代都市又派生出其他特型功能，例如吸烟亭，空间限定也由常规的覆盖手法扩展到围合等综合手法。它占地不大、结构简单、造型灵活，材料也较以前有所突破，有钢筋混凝土结构、预制构件及棕、竹和石等自然材质。（见图2-4-4-3-01至2-4-4-3-10）

4. 廊

廊具备避风雨和提供休息的功能，也起着引导交通、过渡和划分空间的功能，多以长条状的形式出现，可直可曲，是交通联系的通道。廊柱有单边、双边、居中等样式，顶部有封闭式与透漏式。廊的构成大多独立存在，也有与景墙或建筑墙面相依而建的。（见图2-4-4-4-01至2-4-4-4-10）

5. 景桥

景桥是路径在水面上的延伸，有"跨水之路"之称，因此也具有构景和交通的双重功能。中国传统园林以水面处理见长，游人游于其上有步移景异的独特感受。现代园林的景桥传承了这一特质并在形式语言上进行了大胆创新。（见图2-4-4-5-01至2-4-4-5-06）

6. 造石

传统园林的筑石艺术以"师法自然、再现自然"为法则，讲究虚实相生，多与水结合形成"水随山转，山因水活"。其平面布局上主张"出之理，发之意、达至气"，即指布局合理、意境传神、达到韵味和情趣。立面构图则注意体、面、线、纹、影、色的处理关系，有中央置景、旁侧置景、周边置景等多种构图方式。一般可做石组也可特置。步石，主要用作路径的铺装和趣味布置，石灯笼、经幢作点景在日本庭院内多见。现代园林的造石艺术多倾向于抽象的装置和雕塑意味，甚或兼具观赏与休憩、导引等多种功能。（见图2-4-4-6-01至2-4-4-6-12）

7. 栏杆

栏杆通常是指按一定的间隔排成栅栏状的构筑物，多由钢、铁、混凝土、木、竹等材料构成，起到安全防护、隔离和装饰作用。在现代景观中，因其造型简洁明快、通透开敞，大大丰富了园林的景致。（见图2-4-4-7-01至2-4-4-7-06）

8. 景墙

景墙分为独立式和连续式两种类型，功能上兼有安全防护、造景装饰和导引的作用，可以创造空间的虚实对比和层次感，使园景清新活泼。现代景观环境中，受艺术思潮的影响，有绘画、浮雕、镶嵌、漏窗等手法，常与植物、光线、水体等结合，营造独特的氛围，甚至追求夸张、荒诞、迷幻的效果。（见图2-4-4-8-01至2-4-4-8-14）

9. 景观雕塑

雕塑作为重要的造景要素，分为广场雕塑、园林雕塑、建筑雕塑、水上雕塑等。它具有强烈的感染力，被比作园林景观大乐章里的重音符，在丰富和美化空间的同时更展示着地域文化和时代的特征，已成为其标志和象征的载体。（见图2-4-4-9-01至2-4-4-9-16）

图 2-4-4-1-05 （王冬梅摄于苏州大学法学院）

图 2-4-4-1-06 （王冬梅摄于香港街头一隅）

图 2-4-4-1-07 （王冬梅摄于青岛中山公园）　　图 2-4-4-1-08　　图 2-4-4-1-09 （王冬梅摄于珠海陈芳故居）

图 2-4-4-1-10 （王冬梅摄于珠海陈芳故居）　图 2-4-4-1-11 （王冬梅摄于青岛中山公园）　图 2-4-4-1-12

图 2-4-4-1-13

图 2-4-4-1-14

图 2-4-4-2-01 （王冬梅摄于网师园）

图 2-4-4-2-02 （王冬梅摄于网师园）

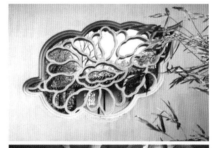

图 2-4-4-2-03

图 2-4-4-2-04 （王冬梅摄）

图 2-4-4-2-05

图 2-4-4-2-06 （王冬梅摄于网师园）

图 2-4-4-2-07

图 2-4-4-2-08

图 2-4-4-3-01

图 2-4-4-3-02

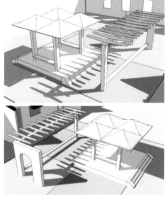

图 2-4-4-3-03 （王冬梅绘制）

图 2-4-4-3-04 吸烟亭

图 2-4-4-3-05

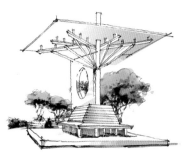

图 2-4-4-3-06 （冀伦萍绘制）

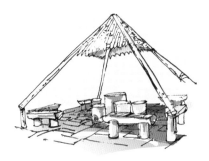

图 2-4-4-3-07 （鞠东晓绘制）

图 2-4-4-3-08 （鞠东晓绘制）

图 2-4-4-3-09

图 2-4-4-3-10

图 2-4-4-4-01

图 2-4-4-4-02

图 2-4-4-4-03

图 2-4-4-4-04

图 2-4-4-4-05

图 2-4-4-4-07

图 2-4-4-4-08 （王冬梅摄于青岛）

图 2-4-4-4-09 （鞠东晓绘制）　图 2-4-4-4-10 （夏萍绘制）

图 2-4-4-5-01

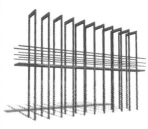

图 2-4-4-5-02 （王程绘制）

图 2-4-4-5-03 （王冬梅摄于苏州同里）

图 2-4-4-5-04

图 2-4-4-5-05

图 2-4-4-5-06

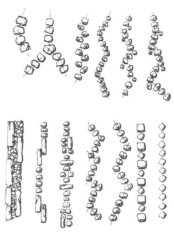
图 2-4-4-6-01

图 2-4-4-6-02 （王冬梅摄）

图 2-4-4-6-03

图 2-4-4-6-04

图 2-4-4-6-05

图 2-4-4-6-06

图 2-4-4-6-07

图 2-4-4-6-08

图 2-4-4-6-09 （王冬梅摄于苏州
博物馆新馆）

图 2-4-4-6-10 （王冬梅摄于
青岛）

图 2-4-4-6-11

图 2-4-4-6-12

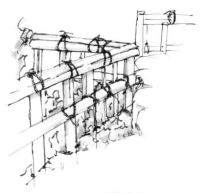 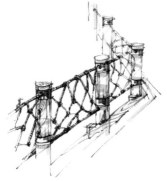 

图 2-4-4-7-01 （夏萍绘制）　　　图 2-4-4-7-02 （夏萍绘制）　　　图 2-4-4-7-03

图 2-4-4-7-04　　　　　　　　　图 2-4-4-7-05

图 2-4-4-7-06

 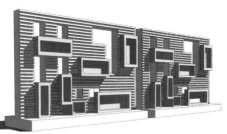 

图 2-4-4-8-01 （李栋 重庆大学）　　图 2-4-4-8-02 （王程绘制）　　　图 2-4-4-8-03

图 2-4-4-8-04 （王冬梅摄于苏州角直）　图 2-4-4-8-05　　　　图 2-4-4-8-06

图 2-4-4-8-07

图 2-4-4-8-08

图 2-4-4-8-09

图 2-4-4-8-10

图 2-4-4-8-11

图 2-4-4-8-12

图 2-4-4-8-13

图 2-4-4-8-14

图 2-4-4-9-01

图 2-4-4-9-02

图 2-4-4-9-03

图 2-4-4-9-04

图 2-4-4-9-05 （王冬梅摄于青岛）

图 2-4-4-9-06 （王冬梅摄于青岛）

图 2-4-4-9-07 （王冬梅摄于青岛）

图 2-4-4-9-08 （王冬梅摄于青岛）

图 2-4-4-9-09 （王冬梅摄于青岛）

图 2-4-4-9-10

图 2-4-4-9-11 （王冬梅摄于青岛）

图 2-4-4-9-12

图 2-4-4-9-13

图 2-4-4-9-14

图 2-4-4-9-15

图 2-4-4-9-16

五、辅助设施

1. 园椅

形式优美的坐凳使空间具有舒适诱人的效果，景观中巧置一组椅凳可以使人兴致盎然。其形式的设计与材料的选择应因地制宜，既与整体环境相互提升，又具有个体的独特意味；在有乔木栽植的休闲广场或有古树生长的环境中，其布置方式可以与花池、树木结合，既起到保护植被的作用，又可为游人提供休息的空间，起到暗示环保的教育作用。（见图2-4-5-1-01至2-4-5-1-16）

2. 园灯

园灯一般集中设置在园林绿地的出入广场、交通要道、园路两侧、交叉路口、台阶、桥梁、建筑物周围、水景喷泉、雕塑、花坛、草坪边缘等，发挥着多样的功能。大致可分为引导性的照明用灯、组景用灯、特色园灯等，照明方式有直接照明、间接照明等类型，实用且具有观赏价值。（见图2-4-5-2-01至2-4-5-2-18）

3. 标志牌

一般标示小品都以提供简明信息为目的，如线路介绍、景点分布及方位等，常设置在广场入口、景区交界、道路交叉口等处，其制作形式多样、特色鲜明。（见图2-4-5-3-01至2-4-5-3-18）

4、其他：邮筒、时钟、电话亭、垃圾箱等

这类设施具有体积小、占地少、分布面广、造型别致、容易识别等特点，为人们提供了多种便利，解决了多种需要。[9]（见图2-4-5-4-01至2-4-5-4-10）

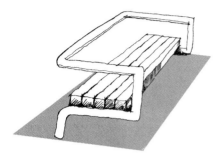

图 2-4-5-1-01 （王琼琼绘制）

图 2-4-5-1-02 （肖文娟绘制）

图 2-4-5-1-03 （夏萍绘制）

图 2-4-5-1-04 （鞠东晓绘制）

图 2-4-5-1-05 （夏萍绘制）

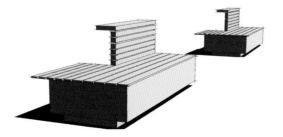

图 2-4-5-1-06 （李建廷绘制）

图 2-4-5-1-07 （王程绘制）

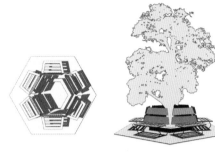

图 2-4-5-1-08 （王程绘制）

图 2-4-5-1-09 （王程绘制）

图 2-4-5-1-10 （王冬梅摄于杭州西溪）

图 2-4-5-1-11 （王冬梅摄于苏州大学王健法学院）

图 2-4-5-1-12 （王冬梅摄于香港星光大道）

图 2-4-5-1-13

图 2-4-5-1-14

图 2-4-5-1-15

图 2-4-5-1-16

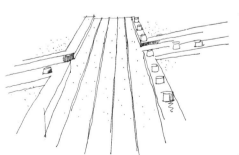

图 2-4-5-2-01 （杨青绘制）

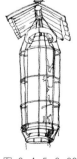

图 2-4-5-2-02 （夏萍绘制）

图 2-4-5-2-03

图 2-4-5-2-04

图 2-4-5-2-05

图 2-4-5-2-06

图 2-4-5-2-07 （王冬梅摄
于上海新天地）

图 2-4-5-2-08 （王冬梅摄
于香港迪斯尼乐园）

图 2-4-5-2-09 （王冬梅摄于香港迪斯尼
乐园）

图 2-4-5-2-10 （王冬梅摄于香港迪斯尼
乐园）

图 2-4-5-2-11 （王冬梅摄于香港迪斯尼
乐园）

图 2-4-5-2-12 （王冬梅摄于
香港迪斯尼乐园）

图 2-4-5-2-13 （王冬梅摄
于杭州西溪）

图 2-4-5-2-14 （王冬梅摄
于杭州西溪）

图 2-4-5-2-15 （王冬梅摄于
苏州博物馆新馆）

图 2-4-5-2-16

图 2-4-5-2-17

图 2-4-5-2-18

图 2-4-5-3-01（李栋 重庆大学）

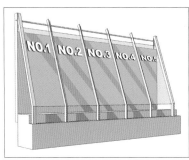

图 2-4-5-3-02（张石永绘制）

图 2-4-5-3-03（王冬梅摄于香港理工大学）

图 2-4-5-3-04（王冬梅摄于香港理工大学）

图 2-4-5-3-05（王冬梅摄于香港理工大学）

图 2-4-5-3-06（王冬梅摄于香港迪斯尼乐园）

图 2-4-5-3-08（王冬梅摄于香港迪斯尼乐园）

图 2-4-5-3-09（王冬梅摄于青岛奥帆基地）

图 2-4-5-3-07（王冬梅摄于香港迪斯尼乐园）

图 2-4-5-3-10（王冬梅摄于青岛奥帆基地）

图 2-4-5-3-11（王冬梅摄于杭州西溪）

图 2-4-5-3-12（王冬梅摄于杭州西溪）

图 2-4-5-3-13 （王冬梅摄于杭州西溪）

图 2-4-5-3-14 （王冬梅摄于泰山）

图 2-4-5-3-15 （陈伟摄于苏州）

图 2-4-5-3-16 （王冬梅摄于青岛）

图 2-4-5-3-17

图 2-4-5-3-18

图 2-4-5-4-01 （王程绘制）

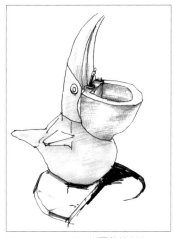

图 2-4-5-4-02 （夏萍绘制）

图 2-4-5-4-03 （夏萍绘制）

图 2-4-5-4-04

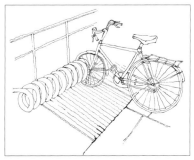

图 2-4-5-4-05 （王琼琼绘制）

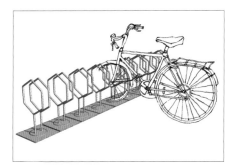

图 2-4-5-4-06 （王程绘制）

图 2-4-5-4-07 （陈艳绘制）

图 2-4-5-4-08 （王冬梅摄于香港理工大学）

图 2-4-5-4-09

图 2-4-5-4-10 （王冬梅摄于杭州西溪湿地）

六、其他细部要素设计

1. 声景观设计[10]

环境中的声音很早就被人们所关注，如唐诗就有"鸟鸣山更幽"的佳句，以鸟鸣来进一步衬托环境的幽静。而声景学作为一门学科，诞生于20世纪60年代末，由加拿大作曲家R.Murry Schafer首次提出，不仅为声学研究带来了新的视角，同时也为园林景观设计带来新的理念和切入点。

在园林景观空间中，对声音的规划应考虑：自然声的保护和发展利用，噪声的预防和控制，以及提高声景观的质量。依照空间规模的大小，声景的设计也要遵循一定的原则：空间规模小，则声景观的个别性和多样性的要素就越强，而空间规模大，声景观的公共性和统一性的要素就越强。因此，声景观设计应充分考虑以下设计内容：

（1）为了增加游客和自然亲密接触的机会，必须尽可能地保全和发展自然声，最初规划时应充分考虑用地的自然保护和可持续性，例如保护水体、形成丰富的植被群落和具有自我调节功能的生态体系，以便诱导各种鸟类和昆虫。

（2）对于不同使用目的空间进行声景的功能分区。通过种植设计予以分隔形成"缓冲地带"，使空间有过渡、游人有选择。能够通过远离喧嚣获得心境的平和。

（3）充分考虑声景观与其他环境要素的协调，以及园林内外空间的关系。处理好对外部噪声的有效阻隔，防止园林内部声音对外部社会声环境的波及。因此，分散的声处理模式是良好的解决之道。

（4）电子技术的介入对自然声的仿效。如电子技术模拟的鸟鸣、虫鸣、水声、风声，结合绿色景观，艺术地再现大自然的魅力，引人联想与想象。

实际上，声景观的设计不是物的设计而是理念的设计，是全面综合、积极的设计。声景观的研究以声音为媒体，充实了历来

以视觉为主体的景观设计思路，对引导人们更加客观全面的关注自然、提高环保意识具有更深层的意义。（见图2-4-6-01）

2．景观空间的嗅觉设计

人的感官是敏感而复杂的，如同声景观一样，嗅觉因素的开发也是景观的重要课题。植物所具有的芳香气息是令人心旷神怡的大自然的赠品。在中国古典园林中，"暗香浮动月黄昏"的诗句所描绘的若有若无的腊梅的芳香让人回味无穷。适当的芳香不但令人愉悦，而且很多芳香因子对人体还有保健作用，如春季的丁香、含笑，夏季的栀子花，秋季的桂花，冬季的腊梅等。

在景观空间中，通过各种感官的增强设计，可以更好的体现环境对人性的细腻关怀，能够全面调动人们的知觉体验，让人们体悟到自然环境与人工自然的无限魅力。

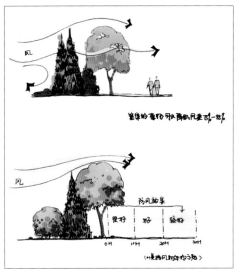

图 2-4-6-01 声景观原理

参考文献：

[1]人体工程学与室内设计/刘盛璜编著.北京：中国建筑工业出版社，2002.第41~43页

[2][5]建筑室内设计/陈易著.上海：同济大学出版社，2001.第162、23~29页

[3] 室外环境艺术设计/沈蔚主编.上海：上海人民美术出版社，2005.第40页

[4] 李景奇，夏季.城市防灾公园规划研究.中国园林[J]，2007(6)

[6]住宅区环境艺术设计及景观细部构造图集/彭应运.北京：中国建材工业出版社，2005.第39~41页

[7] 陈小敏.极简主义园林中植物应用研究.安徽农业科学[J]，2007.35（29）

[8]景观与景园建筑工程规划设计·上册/吴为康主编.北京：中国建筑工业出版社，2004.第239页

[9] 园林工程建设小品/屈永建.北京：化学工业出版社，2005

[10] 王焱，包志毅.声景学在园林景观设计中的应用及探讨.华中建筑[J]，2007（7）

作业：

1．以线稿的方式整理收集大量的景观空间类型和各景观要素的设计形式。每个类型4张，集中勾绘在A3幅面上，并做文字分析。

要求：设计资料具有时代感、设计感；手绘线条精练，结构清晰；文字分析准确、言简意赅。

2．分专题做小课题设计，如：为某滨水休闲区设计椅凳、为某都市中央公园设计亲水型水景观、为某日式茶庭设计铺地、为某露天咖啡区设计照明。

要求：结合特定基地的功能、风格，充分考虑人的实际需求和多方位感受加以设计，形式、材料、色彩的搭配应符合形式美法则，并适当体现科技感。

第三章 园林景观的设计方法与程序

▶ 学习目标：

通过本章内容的学习，使学生合理地拓展思维，掌握系统的园林景观设计方法，熟练运用丰富的手绘语言表达概念，实现独立完整的构思和专业的表达方式。

▶ 学习重点：

1. 初步概念的导入方法；
2. 概念设计草图的表达方式。

▶ 学习难点：

循序渐进地掌握园林景观设计的完整程序。

▶ 第一节 趣味思维训练

在正式的设计之前，先做趣味训练的热身：以图形或图文结合的方式展开思路推演。方法：每一环节之间可以是意义相关、逻辑相关、形态相关、色彩相关、或其他任何与个人体验相关的联想，思维的跳动可以有很大幅度。

一、语言组织游戏

请将给出的独立的、无关联的词语，自行发挥组织，形成一定的语境或逻辑：

"灯泡 电 男人 女人"

课堂趣味训练实例：

要求同学们用"灯泡，电，男人，女人"做文案训练，答案如下：

某曰：

女人靠放电征服男人，你相信男人用灯泡征服女人吗？

（俺批：不相信）

某曰：

在浪漫牌灯泡的陪伴下，男人女人陶醉在电花的海洋，"一切皆有可能"！

——为了您的爱情，请使用浪漫牌灯泡。

（俺批：马上去买）

某曰：

当恋人激情放电时，身边的男人女人都成了灯泡。

（俺批：真理是容不得沙子的）

某曰：

女人是电，男人是灯泡，没有电的支持，男人怎能灿烂？

（俺批：严重的性别歧视）

某强人曰：

泡男人，泡女人，你可以泡更多。——非一般的灯泡，非一般的电！

（俺批：等着查封吧）

呜呼！孺子可教也。含泪。乐颠。

（——摘自本书编者的个人博文）

二、线性思维法：A→B→C→D

要求：将指定的文字或图形任意联系扩展8～12个环节。

题目：2046；风；艳；卍

例1：

2046→王家卫→墨镜→阳光→海岸→沙滩→比基尼→美女→鲜花→落叶→秋天→丰收→汗水

例2：

风→大风车→荷兰→郁金香→便便→田地→农民→粮食→非洲→陈慧琳（联合国儿童大使）→希望→孩子→糖果

例3：

艳→女人和男人（注："丰+色"，女人追求丰满，男人本"色"）→地球→太阳→日本国旗→战争→祖国→台湾→陈水扁→水桶→水→航船→海盗

例4：

卍→宗教→寺庙→和尚→钟→表→瑞士→雪山→云→小鸟→监牢→井盖→老鼠

三、循环思维法：A→B→C→D→C→B→A

要求：用循环的方式，使思路从起点展开，最终回到起点。

题目：翅膀；窗；

例1：

翅膀→雄鹰→天空→森林→猎人→雄鹰→翅膀

翅膀→天使→女人→舞蹈→芭蕾→天鹅→翅膀

例2：

窗→玻璃→小孩→弹弓→玻璃→窗

窗→开放→文化→交流→心灵→窗

四、发散思维法：

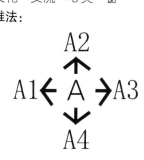

要求：以辐射的方式，使思路呈放射状打开。以一点为中心，做任意元素的感性发散，寻求思路的突破；同时择其关键点向心汇聚，准确定位。使得思维上形成一个辐射与内聚的往复。

题目：红；怀旧；乡土；禅

例1，红：

辐射——色彩、染织、血液、成长、沸腾、玫瑰、爱情、激

情、革命、阳光

内聚（核心概念）——热烈、亢奋、浪漫

例2，怀旧：

辐射——亲情、初恋、味道、经历、电影、照片、声音、老歌、雨、面貌

内聚（核心概念）——亲切、遥远、留恋、时空隧道

例3，乡土：

辐射——方言、泊舟、吆喝、旱烟味道、清晨的牛粪、芦苇、白羊肚、粗辫子、农车、杌凳、蓝印花布、纺车、苗绣

内聚（核心概念）——平民化、自然化、民俗化、质朴化

例4，禅：

辐射——茶文化、和敬清寂、古刹、空、远、琴、剑、棋、佛经、禅定、平和、平淡光线、钟声、水、竹林、风

内聚（核心概念）——空、玄、定（见图3-1-1）

五、概念导入的应用案例

依据以上思维方法的训练，我们试做一个"虚拟专题"的设计实验。首先，试图通过各种信息的捕捉获得灵感，然后对此空间的设计意向加以定位继而展开。此种方法同样适用于方案设计初级阶段的概念把握。

1. 灵感的来源

鼓励发散思维、灵感。可以从任何一个直接或间接的信息中获得启示，例如：一部电影、一个特殊年代、一束光线、一段声音、一幅图像、一段回忆、一份旧杂志、一篇报告文学、一段旅游经历、戏曲艺术、摄影艺术、绘画艺术……

2. 设计意向的锁定

（1）以颜色定位：围绕对色彩的理解展开概念的生发，借助通感以多维语素诠释空间。如：RED景观空间、灰度景观空间；

（2）以专题定位：休闲会所的露天景观、影视主题的文化广场、卡通游乐场；

（3）以地域定位：徽州乡土景观、西部景观公园、秦淮人家；

（4）以场景定位：滨河区景观、度假村景观、LOFT生态修复景观；

（5）以功能定位：酒文化广场、棋文化公园、植物园、曲艺大观园；

（6）以年代定位：1930·上海、七零年代（《血色浪漫》的激昂与戏谑）、2046；

（7）以人群定位：注重按照受众的年龄、职业、爱好、地域等因素加以归组：准妈妈生态园、摇滚天堂、养生苑、残障人智能园、宠物公园；

（8）以情调定位：蓝调、幽雅、浪漫、闲逸；

（9）以关键词作概念定位：前卫、怀旧、半、遁、间、往、禅。

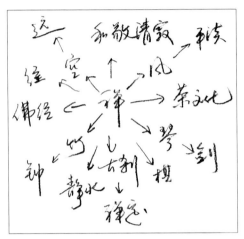

图 3-1-1

3．案例分析[1]

（1）"浪漫的"

辐射思维产生的元素——烛光晚餐、海边漫步、林中吊床、心形的抱枕、月光的林中散步、长绒玩具……

内聚（核心概念）：

①形态上：舒缓动态的曲线（对应心形的线面关系、曲线动态的吊床、海边散步留下的一串曲线的脚印等元素）；

②色彩上：暖色调、中低明度和纯度的色彩关系（对应烛光、粉色的抱枕）；

③材质和肌理：亚光和触觉柔软的（对应长绒玩具、抱枕、沙滩）；

④节奏上：舒缓的、弱对比的（对应散步、漫步、烛光晚餐）；

⑤比例与尺度上：尺度上是近人的，比例的关系是弱对比的（对应长绒玩具、抱枕、脚印、吊床）。

（2）"酷"

辐射思维产生的元素——海边的悬崖、金属与玻璃的家具、摇滚歌星、T台上的模特、墨镜、怪异的服装、高大而摩登的建筑、非常小巧的手机……

内聚（核心概念）：

①形态上：以直线的线面关系为主（对应悬崖、T台、摩登的建筑）；

②色彩上：黑、白、灰等无色或冷色系列为主，低纯度和明度（对应墨镜、摇滚歌星、悬崖）；

③材料与肌理上：极光洁或极粗糙的（对应摩登的建筑、悬崖、金属与玻璃的家具）；

④节奏上：突变的（对应怪异的服装、海边的悬崖）；

⑤比例与尺度上：强对比及非近人的（对应摇滚歌星、T台上的模特、高大而摩登的建筑、非常小巧的手机）。

第二节 方案设计基本程序

一、准备阶段

1．前期信息整合

（1）地理位置调研

（2）地势特征调研

（3）气候特征调研

（4）自然景观特征调研

（5）人文景观调研（地域文化、民族传统、历史积淀、文化发展、民风民俗、宗教信仰）

（6）土地矿产、动植物资源调研

（7）项目定位调研

（8）经费投资调研

（9）相关法规调研

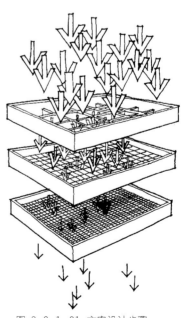

图 3-2-1-01 方案设计步骤

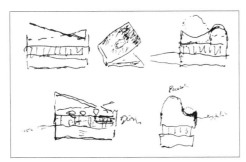

图 3-2-1-02 勒·柯布西耶的概念草图

图 3-2-1-03 弗兰克·格瑞的概念草图

图 3-2-1-04 自我体验

2. 主题概念的定位

在以上大量信息的调研基础上，经过理性的梳理与整合（见图 3-2-1-01），得出最初的预想提案，提交设计组讨论，有关于：

（1）主体风格

（2）功能分区

（3）基本形态

（4）道路规划

（5）高程关系

（6）栽植种类与方式

（7）材料定位

（8）光色与声景观的处理

3. 概念的表达

（1）设计概念草图的定义

设计意图是设计的先导因素，表达意图是整体设计进程的重要环节，这就要求设计师具备一种最简捷的表达手段——设计概念草图。设计概念草图是将专业知识与视觉图形作交织性的表达，为深刻了解项目中的实质问题提供分析、思考、讨论、沟通的画面，并具有极为简明的视觉图形和文字说明。它对设计师起着辅助思考的作用，又是与甲方交流意图的较为直观的方式。

（2）设计概念草图的意义

设计概念草图主要用来收集与设计有关的各种资料和信息（场地要求、风俗习惯）、分析资料和信息以获得对设计问题的了解（关系、层次、需要）、提出解决问题的办法（文字叙述、方案草图）。它具有三个层面的意义：

①设计师自我体验的层面

概念草图只是一种思维的最初形式而已，是原创精神的体现，但草图所起的作用，是任何手段难以取代的母体。概念草图这种形象化的思维表现，为设计中的关键性设想提供了视觉对象和形体。草图绘制的过程可以看做是自我交流，是设计者与草图间的交流。草图再现设计构思，其视觉形象又能反过来帮助和刺激思维，其潜力在于：图形经过眼睛作用于大脑然后返回纸面的信息循环之中。

概念草图的诞生必须以愉快轻松的状态为平台，这就可以解释为什么很多重大项目的构想常产生于大师的餐巾纸上。（见图3-2-1-02至3-2-1-04）

②设计师行内研究的层面

设计草图与最终效果图不同，它是试探性的，简单粗糙的，所表达的往往是并不全面的想法，反映的是设计初期的困惑历程。草图是思想的载体，以抽象的方式提交讨论，可以激发同行们的广泛交流，甚至在飞动的模糊概念图形的观察中激发其他联想，获得新的突破口，从而展开新的设计思路。（见图3-2-1-05至3-2-1-07）

③设计师与业主交流的层面

图像要求符合沟通对象，在可接受的范围内做出相应程度的设计概念草图，强调直观性、粗线条，能多向发展，供业主选择，特别是要把业主引向项目中的实质性问题上来讨论。此外，相对于繁杂的效果图制作，草图的便捷和直观是值得肯定的，一个能够以语言和草图即席表达方案意图的设计师是大受欢迎的。（见图3-2-1-08至3-2-1-13）

（3）设计概念草图的绘制

设计概念草图一般以一点透视为主、轴测图为辅。因为一点透视最容易把握也最实用，轴测图的优势是既可以表现三维关系又保持了平、立、剖面的"真实"尺度。箭头是指示关系的专用符号，一般用箭头表达空间关系，概念推演带箭头的引出线标注材质和施工要求。（见图3-2-1-14/15）

大胆地用钢笔，少用铅笔，钢笔墨迹持久，又易于画高质量的连贯线条，可产生高反差对比的形象。草图允许设计师无拘束地随意描画，其用笔必须轻快、松弛，开敞的设计草图往往能传达设计师的直觉和自信。

概念草图的表达内容是按项目本身的特征划分的，针对项目中反馈的关键问题产生相应的草图形式。内容如下：

①反映功能与空间的概念草图

景观设计是针对场地的深化设计。概念草图将围绕着使用功能这一中心问题展开，包括场地内的功能分区、交通流线、空间使用方式、人数容量、布局特点等。这一类概念草图多采用较为抽象的设计符号表达，并配合文字数据说明和设计师即席口述等综合形式。

园林景观的空间设计属于限定设计。空间创意是景观设计最主要的组成部分，它既涵盖功能因素又具有艺术表现力，设计概念草图易于表现空间创意，并形成较为丰富的画面。因其表达方式多样，原则上追求简明概括、有尺度感、直观可读、文字准确。（见图3-2-1-16至3-2-1-20）

②反映形式的设计概念草图

空间是设计师与业主交流的中心议题之一，空间的风格样式属视觉艺术的语言，因此要求草图对形式的表现准确、写实、具有说服力，必要时可辅助已成形的实物场景照片，甚至提供多种形式，并配合文字以供比较。对于形式美的斟酌往往是整个项目设计中既关键又困扰的阶段，它依赖设计师有感染力的技巧交流，以及自身的想象力和专业表达能力。（见图3-2-1-21至3-2-1-24）

③反映高程关系的设计概念草图

高程关系的设计在景观设计中具有重要意义。高程关系即反映场地内各个物体之间，如建筑物与道路、道路与植被、植被与水体等一系列关系的场地大剖面。它有助于设计师对整个场地的纵向关系做非常直观的分析，是由二维向三维转变、模糊意象向

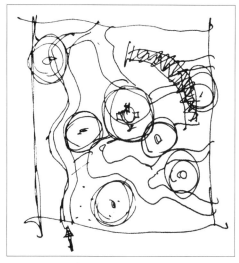

图 3-2-1-05 行内研究

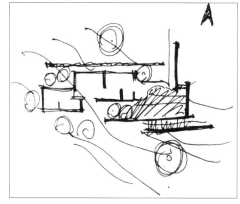

图 3-2-1-06 行内研究

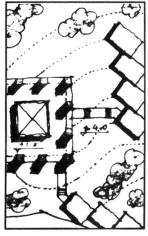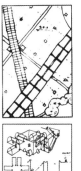

图 3-2-1-07 行内研究

系统深入转变的过程。（见图3-2-1-25/26）

④反映技术的设计概念草图

艺术与科学的同步使景观设计日益智能化、工业化、绿色生态化。技术因素可以升华为美学和文化因素，这就要求设计师具有把握双重概念的能力。以种植技术为例，目前已不仅限于地面之上，可以借助一定新技术种植在屋顶平台等处。这些都打破了原有的设计方式，改变着传统的思维模式。这类设计草图重在体现实施技术。（见图3-2-1-27至3-2-1-29）

就表达形式而言，设计概念草图的形式又可以分为：具象图形、抽象图形、象征图形。

具象图形：（见图3-2-1-30至3-2-1-33）

①用情境化的手法具体描绘设计意图；

②将平、立、剖深化为直观的画面表达；

③引用风格相似的实物、图片、画面作定位参照；

④运用多视角的手法，观察补充空间形态。

抽象图形：（见图3-2-1-34至3-2-1-37）

①由于设计之初由模糊向明确的过程中想法的不确定性，画面只是个人体验的带有抽象意味的随意符号。

②用于专业交流的，在专业内部形成的有明确释读意义又高度抽象的图形，具有可变性和多重指向性。

象征图形：

受文化艺术风格的深刻影响，象征主义在西方、东方的各类景观形式符号各有其独特的文化含义。当代设计的主流风格是数字化为统领的审美思潮，包含人性化、生态化、走向太空等理想色彩。象征主义形式的表现是一条快捷的通道。有传统象征、当代象征、符号象征、颜色象征之说。（见图3-2-1-38/39）

以下为某城市广场概念设计阶段草图的表现过程：（见图3-2-1-40至3-2-1-46）

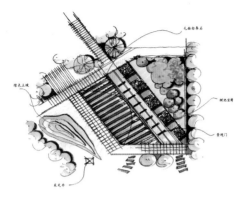

图 3-2-1-08 与业主交流

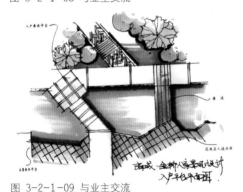

图 3-2-1-09 与业主交流

图 3-2-1-10 与业主交流

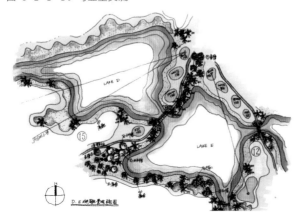

图 3-2-1-11 与业主交流

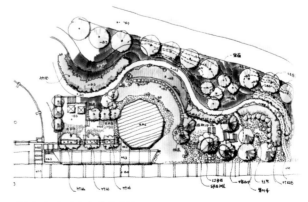

图 3-2-1-12 与业主交流

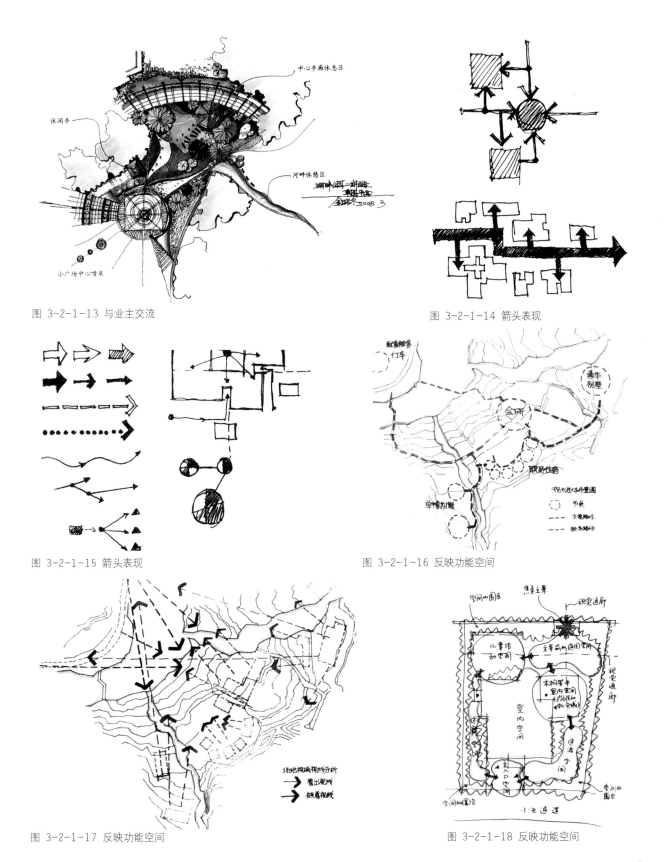

图 3-2-1-13 与业主交流

图 3-2-1-14 箭头表现

图 3-2-1-15 箭头表现

图 3-2-1-16 反映功能空间

图 3-2-1-17 反映功能空间

图 3-2-1-18 反映功能空间

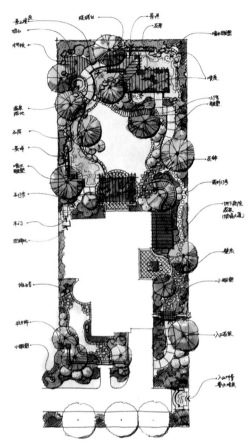

图 3-2-1-19 反映功能空间

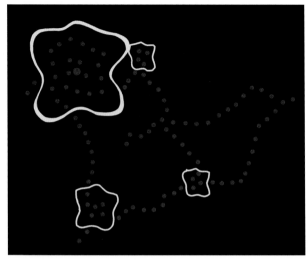

图 3-2-1-21 反映形式（朱薇绘制）

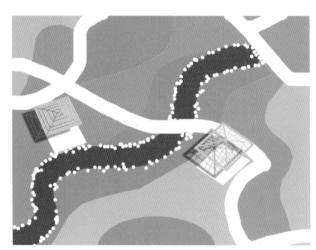

图 3-2-1-22 反映形式（朱薇绘制）

■ 圣马可广场的地形分析图

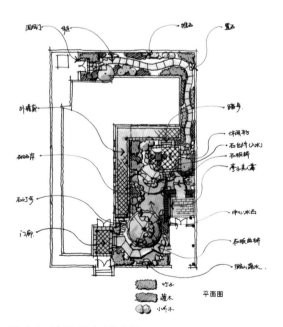

图 3-2-1-20 反映功能空间

图 3-2-1-23 反映形式

图 3-2-1-24 反映形式

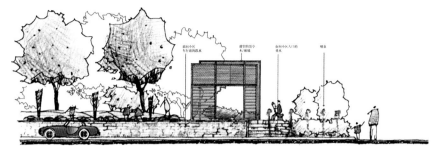

图 3-2-1-25 反映高程关系

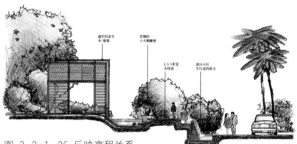

图 3-2-1-26 反映高程关系

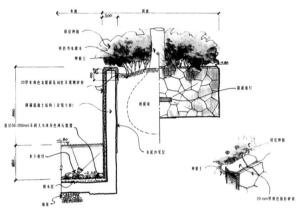

图 3-2-1-27 反映技术（杭州礼和建筑设计有限公司）

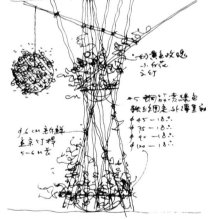

图 3-2-1-28 反映技术

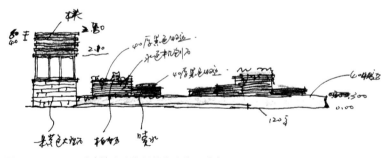

图 3-2-1-29 反映技术（杭州礼和建筑设计有限公司）

图 3-2-1-30 具象表现

图 3-2-1-31 具象表现

座椅的设计与实物的对比

座椅的制作材料丰富多彩，除木材、石材、混凝土、各类仿石材料、铸铁、钢材、铁材、铁管、陶瓷、FRP等外，还有木材与混凝土、木材与铸铁等组合材料。

木材的触感、质感好，热传导差，基本上不受季高温和冬季低温的影响，易于加工，但一般的木材存在耐久性较差的问题，需做相应的防腐处理。

座椅的基本尺寸与要素

图 3-2-1-32 具象表现（杭州礼和建筑设计有限公司）

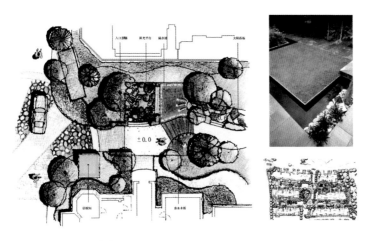

图 3-2-1-33 具象表现

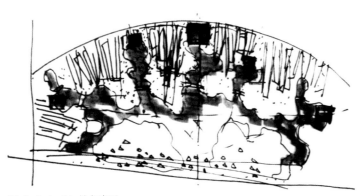

图 3-2-1-34 抽象表现

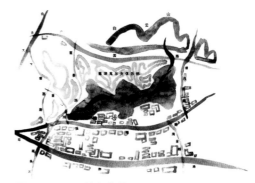

图 3-2-1-35 抽象表现

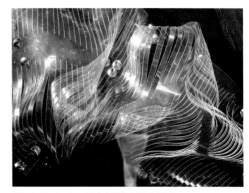

图 3-2-1-36 抽象纸模（张杰刚）

图 3-2-1-37 抽象表现（曹方）

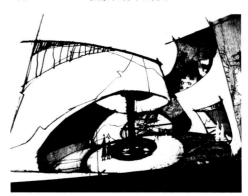

图 3-2-1-38 象征表现

图 3-2-1-39 象征表现

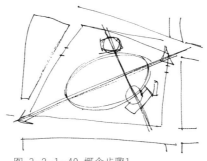

图 3-2-1-40 概念步骤1

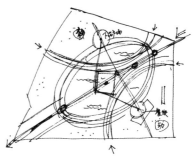

图 3-2-1-41 概念步骤2

二、方案设计阶段

方案设计是在概念设计确定的基础上，进行深化设计的重要阶段，是用系统的方法，更为具体、详实地表达设计思想的过程。由于这一阶段的目的是向业主汇报设计方案，并由业主报有关政府规划部门审批，从而开展下一阶段的施工任务，所以通常以成套的图文并茂的标书形式、恰当的模型展示、三维动画等手段辅助论证。同时，为了确保方案成果能够报规划部门顺利审批通过，设计师应遵循相应的国家及地方规范，并留意其变革动向，依照正确的设计依据，经济地表达方案。

方案设计文件多为标书形式（参见第四、五章相关案例），标书的规格多为A3图幅，装帧应整齐美观、易于翻阅，内容一般由设计说明书、设计图纸、投资估算、透视图四部分组成。编排顺序为：

1. 封面：方案名称、编制单位（暗标时不需标出）、编制年月；

2. 扉页：可为数页。写明方案编制单位的行政和技术负责人、设计总负责人、方案设计人（可加注技术职称），必要时附透视图和模型照片；

3. 方案设计文件目录；

4. 设计说明书：由总说明和专项设计说明组成。

（1）列出与工程设计有关的依据性文件的名称和文号，包括选址及环境评估报告、地形图、项目的可行性研究报告、政府有关主管部门对立项报告的批文、设计任务书或协议书等；

（2）设计所采用的主要法规和标准；

（3）设计基础资料，如气象、地形地貌、水文地质、抗震设防要求、区域位置；

（4）简述设计方和政府有关主管部门对项目设计的要求，如总平面布置、建筑立面造型等方面。当城市规划对建筑高度有限制时，应说明建筑、构筑物的控制高度（包括最高和最低高度限制值）；

（5）委托设计的内容和范围，包括功能项目和设备设施的配套情况；

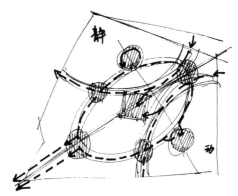

图 3-2-1-42 概念步骤3

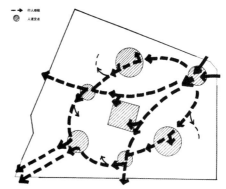

图 3-2-1-43 概念步骤4

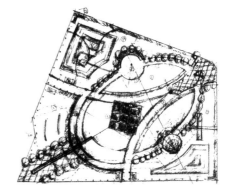

图 3-2-1-44 概念步骤5

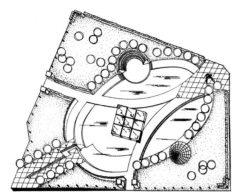

图 3-2-1-45 概念步骤6

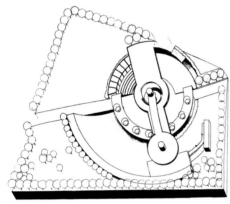

图 3-2-1-46 方案二

（6）工程规模（如总建筑面积、总投资、容纳人数等）和设计标准（包括工程等级、结构的设计使用年限、耐火等级、装修标准等）；

（7）列出主要技术经济指标，如总用地面积、总建筑面积及各分项建筑面积（还要分别列出地上部分和地下部分建筑面积）、建筑基底总面积、容积率、建筑密度、绿地率、停车泊位数（分室内、外和地上、地下），以及主要建筑或核心建筑的层数、层高和总高度等项指标；

（8）总平面设计说明：概述场地现状特点和周边环境情况，详尽阐述总体方案的构思和布局特点，以及在竖向设计、交通组织、景观绿化、环境保护等方面所采取的具体措施；以及关于规划、分期建设、原有建筑和古树名木保留、利用、改造（改建）方面的总体设想。

5. 投资估算：包括编制说明、投资估算及三材估用量。简单的项目可将投资估算纳入设计说明书内，独立成节即可；

6. 设计图纸：

（1）场地的区域位置；

（2）场地的范围（用地和建筑各角点的坐标或定位尺寸、道路红线）；

（3）场地内外环境的反映（周边原有规划的城市道路和建筑物、场地内需保留的建筑物、古树名木、历史文化遗物、现有地形与标高，水体、不良地质情况等）；

（4）场地内拟建道路、停车场、广场、绿地及建筑物的布置，并表示出主要建筑物与用地界线（或道路红线、建筑红线）及相邻建筑物之间的距离；

（5）拟建主要建筑物的名称、出入口位置、层数与设计标高，以及地形复杂时主要道路，广场的控制标高；

（6）指北针或风玫瑰图、比例。

同时可根据以上需要绘制出反映方案特性的分析图若干：

①宏观地貌分析图

②空间功能分析图

③轴线定位分析图

④交通系统分析图（人流及车流的组织、停车场的布置及停车泊位数量等）

⑤道路铺装分析图

⑥景观结点分析图

⑦照明设置分析图

⑧绿化布置分析图

⑨配套设备分析图

7. 透视图

三、施工图阶段

施工图是设计的最终"技术产品"，是进行建筑施工的依据，主要从事相对微观、定量和实施性的设计。它对建设项目建成后的质量及效果有相应的技术与法律责任。因此，未经原设计单位的同意，任何个人和部门不得擅自修改施工图纸；经协商或要求后同意修改的也应由原设计单位编制补充设计文件，并归档备查。

施工图应能严谨准确地表示出各项设计内容的尺寸、位置、形状、材料、种类、数量、色彩以及构造和结体，并做文字说明。

四、设计实施与管理阶段

在项目设计和实施过程中，为了严格落实设计方案，并能及时解决施工过程中出现的意外情况，需要设计者参与工程现场的设计服务和管理工作。首先是将与业主共同商定的方案付诸实施，其次是将图纸中较为复杂或是不易理解的部分向施工方交底，最后与监理方说明施工中材料质量、工艺做法等相关事宜。项目竣工时，施工方应按照实际施工情况绘制竣工图，如缺乏一定技术实力，可由设计方在施工方监理核实下代为绘制，最终提交业主。[2]

参考文献：

[1] 景观创意与设计/易西多.武汉：武汉理工大学出版社，2005.第81页

[2] 景观项目设计/吴钰.北京：中国建筑工业出版社，2006.第70-111页

本章作业：

1. 根据概念词汇做趣味思维训练，可以是字母、颜色、名词、形容词、年代、符号……

例：V、红、水、风、幻、序、和、合、2046、○

2、根据某定位词汇以设计草图的形式做概念导入训练：交织、冲撞、矛盾、无序

3. 专题设计训练：

如：儿童游艺场、城市中心广场、艺术家村、休闲会所的外部景观、茶文化景观园……

要求：

1. 设计概念清晰

2. 空间感受独特

3. 形态具有视觉冲击力

表达方式：以标书的形式完成整体思路的表现，可附加概念模型展示。

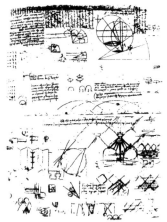

图 4-1-01 达·芬奇手稿

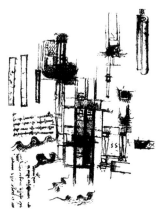

图 4-1-02 米开朗琪罗手稿

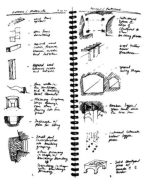

图 4-1-03 建筑师马克·英格利希的视觉笔记

图 4-1-04 建筑师马克·英格利希的视觉笔记

第四章　园林景观的设计表达

▶ 学习目标：

通过本章内容的学习，熟练掌握各种方式的手绘表达技法，同时建议结合其他计算机辅助设计课程，使学生基本掌握综合技法，并具备一定的平面排版能力，为设计方案的最终完成提供可视化的专业图本。

▶ 学习重点：

1. 培养视觉笔记的专业习惯；

2. 熟悉各种手绘技法，探索更丰富的综合表现方式；

3. 掌握综合展示技能，培养全面素养。

▶ 学习难点：

以综合的专业表达能力，独立完整地表达设计方案。

第一节　设计表达的前提：培养视觉笔记的专业习惯

最初的视觉笔记产生于文字笔记的补充，它打开了一个新的丰富的视觉世界，图文的结合有助于表达更多的整体特性，能在很多方面弥补文字表达的不足，设计师将日常所见收集成册，作为创作灵感和设计素材。视觉笔记是设计师图形手记，是与文字记录相对应的图形记录；是以视觉信息为主的图像信息。视觉笔记是具有生命的思维载体。它是从整体中提炼出来的、鲜活的、有个性的、分析性的图式。

文字语言是以技术为基础的工业化时代的符号载体，而图像声讯则是后工业时代的主要媒介。由于人们的想象力与图画之间有着密切而直接的关系，使得这种最古老又最时髦的表现依旧是一种最有效的启发思维的方法。设计视觉化有助于有效的思考和讨论。

视觉笔记一词源于美国人诺曼·克罗、保罗·拉塞奥合著的《建筑师与设计师视觉笔记》一书的称呼。它不同于传统的速写的对景勾画，而更多通过默画的形式提炼记录心得，或者随机记录偶发联想的创作雏形；它不同于照片式的精确记录，重在思考的过程而不是呈现的形式。勒·柯布西耶曾经说过照相机"阻碍了观察"。照片是所见物的复制，而视觉笔记是展现如何看的过程。[1]（见图4-1-01至4-1-04）

第二节　手绘表现技法与训练

一、绘图常用的材料与工具

1. 纸

纸的选择应随图而定，绘图必须熟悉各种纸的性能和笔的优化组合。

（1）素描纸纸质较好、表面略粗糙、易画铅笔线、耐擦、稍吸水、宜作较深入的素描练习和彩色铅笔表现。

（2）水彩纸正面纹理较粗、蓄水力强，反面稍细，也可利用，耐擦，用途广泛，宜作精致描绘的表现。

（3）水粉纸较水彩纸薄，纸面略粗，吸色稳定，不宜多擦。

（4）绘图纸纸质较厚，结实耐擦，表面较光。不适宜水彩，适宜水粉，多用于钢笔淡彩及马克笔、彩铅笔、喷笔作画。

（5）铜版纸白亮光滑，吸水性差，不适宜用铅笔，适宜用钢笔、针管笔、马克笔作画。

（6）马克笔纸多为进口，纸质厚实，光挺。

（7）色纸色彩丰富，多为中性低纯度颜色，可根据画面选择适合的颜色作基调。

（8）卡纸、书面纸、牛皮纸，熟悉其性能后也可成为进口色纸代用品。

（9）描图纸半透明，常作拷贝、晒图用，宜用针管笔和马克笔，遇水收缩起皱。

（10）宣纸有生、熟之分，生宣纸吸水性强，宜作国画的写意作品；熟宣纸耐水，可反复加色渲染。

2. 笔

（1）铅笔：H系列为硬，B系列为软，HB为中性。

（2）钢笔：签字笔、针管笔、蘸水钢笔均可属此类，笔趣变化均在笔尖上，宜书宜画，方便快捷。

（3）水彩笔、水粉笔、油画笔：水彩笔以羊毛为主，柔软，蓄水量大；中国画笔"大白云"也常用作水彩；油画笔的毛多用猪鬃、狼毫制成，富于弹性，蓄水量较少；水粉画笔性能在两者之间，羊毛、狼毫掺半，柔中带刚。

（4）排刷、底纹笔：常用于打底和大面积上色，亦用来裱纸。

（5）描笔、衣纹笔、叶筋笔、红毛笔：常用于勾线条和细部上色。

（6）彩色铅笔：用笔方法同于一般铅笔，颜色较为透明，国产笔蜡质较重，有排水性。进口笔中有水溶性彩铅笔，涂色后用水抹，即有水彩味。宜在较厚、较粗的纸上作画。

二、钢笔表现技法训练

钢笔、针管笔都是画线的理想工具。各种形状的笔尖各具特色，如发挥得当可以达到类似中国传统绘画中"十八描"的线条特点，如：钉头鼠尾、铁线、游丝等。在钢笔画教学中线条训练是最基本的步骤之一，通过线的组合练习，塑造形体的明暗，达到画面表现上的层次感、空间感、质感、量感。（见图4-2-2-01/02）

1. 纯线条组合练习

（1）1/2直线分割法

方法：在A4的纸上，以目测的方式画出水平（或垂直）距离

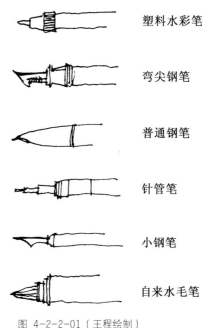

图 4-2-2-01（王程绘制）

图 4-2-2-02

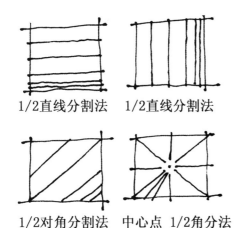

1/2直线分割法   1/2直线分割法

1/2对角分割法   中心点 1/2角分法

图 4-2-2-03 （王程绘制）

图 4-2-2-04

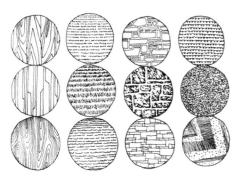

图 4-2-2-05

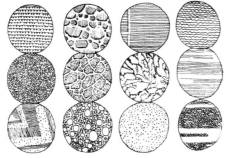

图 4-2-2-06

的二分之一分割线，然后在产生的上下（或左右）两个新空间中凭借目测绘出其二分之一线，以此类推，直到纸面线条密集。

（2）1/2对角分割法

方法：在A4的纸上，以目测的方式画出任一对角线，然后在产生的左右两个新空间中凭借目测绘出其二分之一斜线，以此类推，直到纸面线条密集。

（3）中心点 1/2角分法

方法：在A4的纸上，以目测的方式找到画面的中心点，分别向对应的两侧引线，然后在产生的两个新空间中凭借目测绘出其二分之一对角斜线，依次类推，直到纸面线条密集。

要求：线条匀速流畅，比例分割准确；

训练目的：培养目测能力，锻炼驾驭线条的能力。（见图4-2-2-03）

（4）线条质感表现训练

方法：在A4的纸上，以小单元的形式，利用线条的相互交叉重叠，或点、勾、擦等手法，模拟真实物体的质感。（见图4-2-2-04至4-2-2-06）

要求：尝试玻璃、草坪、卵石、木纹等不同材质的线条语言；

训练目的：掌握线条组织与造型的能力。

2. 钢笔线描慢写训练

（1）临摹优秀的钢笔技法作品

方法：在A3的纸上，选择构图、造型、空间组织较好的优秀作品临摹，体会其概括的艺术化语言。（见图4-2-2-07至4-2-2-09）

要求：从单体临绘到整体环境表现；

训练目的：培养作品的鉴别能力，体会笔趣，学以致用。

（2）用钢笔技法临绘中外大师绘画作品

方法：在A4的纸上，选择线条语言明朗的艺术杰作临摹，体会线条组织方式和空间造型技巧。如：中国传统绘画、界画、抽象水墨画、文艺复兴三杰手稿、凡·高、马蒂斯素描及油画等。（见图4-2-2-10至4-2-2-15）

要求：尊重原作品的语言风格，适当发挥钢笔介质的特色；

训练目的：提高艺术鉴赏力，借鉴大师高超的线条技巧，力图在反复临绘中获取钢笔表现的突破。

（3）将写实照片翻译成具有设计感的空间线描稿

方法：在A3的纸上，选择构图、造型、空间组织较好的优秀图片，以线条的语言组织画面。（见图4-2-2-16至4-2-2-18）

要求：大胆取舍，删繁就简。抓住物象的主体结构特征加以高度的线条提炼及概括，忽略明暗光影（阴影关系靠后期色彩技法完善）；

训练目的：培养画面构图的取舍能力，由繁及简的逐次提炼钢笔线条的造型语言。这里，绘画的目的并不意味着绝对忠实于形体，如果描绘的过程中因笔误出现造型的微差，可以根据当前画面随即调整。

由于钢笔具有不易修改的特性，所以要求我们在表现物象时要做到"胸有成竹"，然后"心记手追"，尽量下笔准确，一步到位。一幅线条简练、结构精确的线描图是马克笔等技法的良好表现平台，可多复印几张以备上色练习。

3. 速写训练

速写是画者通过对物象的敏锐观察，在较短的时间内将最深刻的感受，用简练、概括的绘画语言记录下来的一种写生形式。速写强调写意，要"以形写神"，追求高度概括、简练。它可以培养手、眼、脑的相互协调和表现能力，又可以收集素材，积累形象语言，获得感性知识，养成敏锐的观察力和艺术概括力，从而锻炼空间思维能力，恰当把握透视感和尺度感，锻炼艺术审美能力，增强画面的形式感。

要求：整体把握，局部入手，处理好"收"与"放"的问题，掌握好行笔节奏和线条对比，遵循模糊透视法，把握好画面取舍的分寸。（见图4-2-2-19至4-2-2-21）

图 4-2-2-07

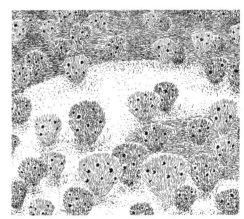

图 4-2-2-08

图 4-2-2-09

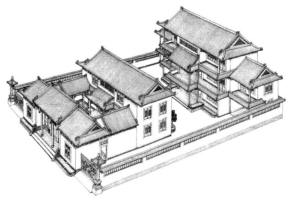

图 4-2-2-10

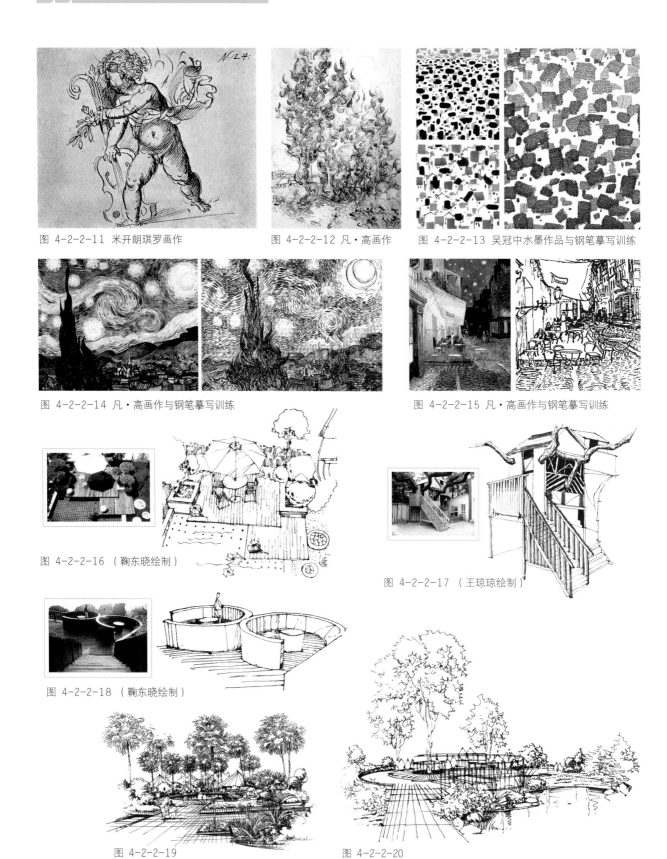

图 4-2-2-11 米开朗琪罗画作

图 4-2-2-12 凡·高画作

图 4-2-2-13 吴冠中水墨作品与钢笔摹写训练

图 4-2-2-14 凡·高画作与钢笔摹写训练

图 4-2-2-15 凡·高画作与钢笔摹写训练

图 4-2-2-16 （鞠东晓绘制）

图 4-2-2-17 （王琼琼绘制）

图 4-2-2-18 （鞠东晓绘制）

图 4-2-2-19

图 4-2-2-20

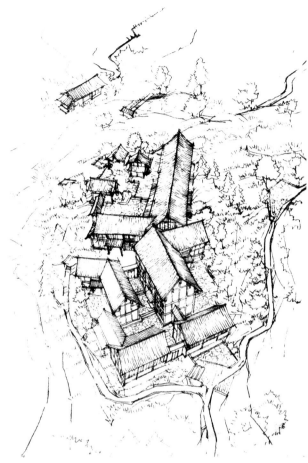

图 4-2-2-21 （郭丹青 重庆大学）

图 4-2-2-22 （陈伟教授）

图 4-2-2-23 （陈伟教授）

图 4-2-2-24 （陈伟教授）

陈伟速写作品：淮北师范大学美术学院副院长、教授、研究生导师（见图4-2-2-22至4-2-2-25）。

图 4-2-2-25 （陈伟教授）

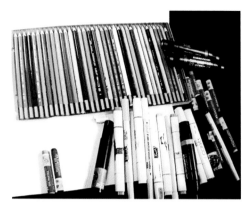

图 4-2-3-01

三、马克笔表现技法训练

马克笔因其便于携带、色彩齐备、着色简便、风格豪放以及成图迅速等优势，深得设计师的喜爱。马克笔分水性和油性，水性笔有时可蘸清水使用，使色质减淡，油性笔则可以蘸甲苯洗淡；笔头分扁头和圆头，正侧调节可以产生宽窄不一的线条；马克笔的运笔排线分徒手与工具两类，根据描绘对象择定。

马克笔透明度较高，同色叠加会加深色彩，但忌讳多次叠加弄脏颜色；表现时应重点突出，适当留白，一般旨在配合钢笔线稿辅助刻画暗部和一些过渡区。笔法可直、可曲、可点、可擦，以轻快生动为宜。（见图4-2-3-01至4-2-3-22）

马克笔绘制于马克笔纸上效果呈现最佳，因成本较高，一般习惯于使用普通复印纸代替；硫酸纸也是不错的媒介，效果更加透明，笔法更加自由。（见图4-2-3-23）

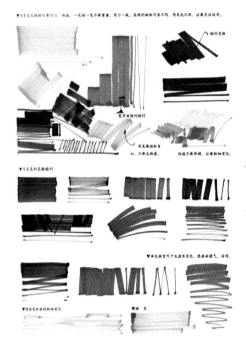

图 4-2-3-02

图 4-2-3-03 （李栋 重庆大学）

图 4-2-3-04 （李栋 重庆大学）

图 4-2-3-05 （李栋 重庆大学）

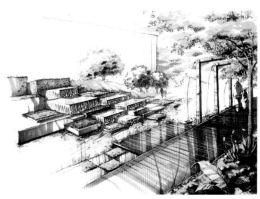

图 4-2-3-06（李栋 重庆大学）

图 4-2-3-07（李栋 重庆大学）

图 4-2-3-08 （李栋 重庆大学）

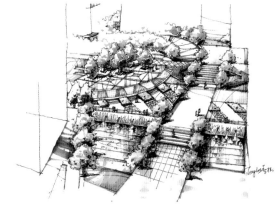

图 4-2-3-09 （李栋 重庆大学）

图 4-2-3-10（李栋 重庆大学）

图 4-2-3-11 （李栋 重庆大学）

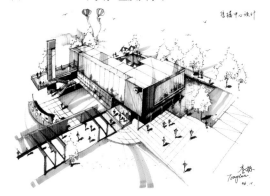

图 4-2-3-12（李栋 重庆大学）

图 4-2-3-13（李栋 重庆大学）

图 4-2-3-14 （李栋 重庆大学）

图 4-2-3-15 （祁锺 重庆大学）

图 4-2-3-16 （祁锺 重庆大学）

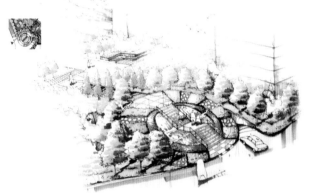

图 4-2-3-17 （祁锺 重庆大学）

图 4-2-3-18

图 4-2-3-19

图 4-2-3-20

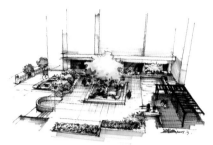

图 4-2-3-21

图 4-2-3-22

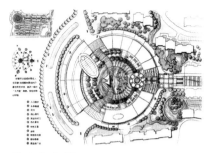

图 4-2-3-23

四、水彩表现技法训练

水彩与钢笔相结合的钢笔淡彩技法，颇具简捷、明快、生动的艺术效果。水量的控制是实现画面色彩浓淡、空间虚实、笔触趣味等效果的关键。它对底稿要求也较高，忌多次修改擦伤纸面。

水彩画上色程序一般是由浅到深，由远及近，亮部与高光多采用留白处理。

水彩渲染常用退晕、叠加与平涂三种技法：

（1）退晕法：首笔平涂后趁湿用水或加色使之逐渐变浅或变深，形成渐弱和渐强的效果；（2）叠加法：类似于马克笔的叠加，每笔干透再画，逐层叠加；（3）平涂法：趁湿衔接笔触，可取得均匀整洁的效果，偶尔的水渍也可巧妙用于肌理和质感表达。（见图4-2-4-01至4-2-4-10）

五、色铅表现技法训练

色铅的表现形式主要是依据物象的形态规律和空间关系做排线组织，刻画效果比马克笔略显细腻，但不必像写实素描那样反复修改，更追求画面的清新简明，一般要求钢笔线稿准确精练，结构扎实，可适当添加明暗光影，因为色铅的明度都较为平均，不易在明度上拉开差距。此外，应尽量避免色彩多次重复，以防止画满画腻，导致画纸不再吃色，建议运笔节奏均衡，力度适中，笔笔到位。色铅的笔法不拘一格，可手绘也可借助软尺等工具，选择纸质时以略微粗糙为宜。另有水溶性色铅笔可以发挥溶水的特性取得浸润感，或配合手指擦出柔和的效果。[2]（见图4-2-5-01至4-2-5-05）

参见欧阳桦作品：重庆大学建筑城规学院副教授、研究生导师，主要研究方向为城市景观艺术设计。（见图4-2-5-06至4-2-5-08）

此外，色铅与马克笔或水彩的混合使用可以产生更加丰富的画面效果。（见图4-2-5-09至4-2-5-20）

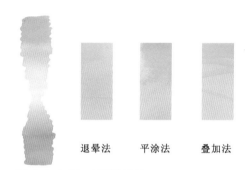

退晕法　　平涂法　　叠加法

图 4-2-4-01 （王程绘制）

图 4-2-4-02

图 4-2-4-03

图 4-2-4-04

图 4-2-4-05 （朱理东 重庆大学）

图 4-2-4-06 （朱理东 重庆大学）

图 4-2-4-07

图 4-2-4-08

图 4-2-4-10

图 4-2-4-09

图 4-2-5-01

图 4-2-5-02

图 4-2-5-03

图 4-2-5-04

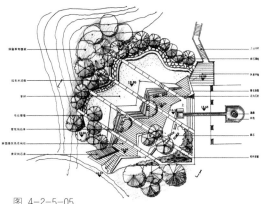

图 4-2-5-05

图 4-2-5-06 （欧阳桦教授）

图 4-2-5-07 （欧阳桦教授）

图 4-2-5-08 （欧阳桦教授）

园林景观设计 Garden Landscape Design

图 4-2-5-09

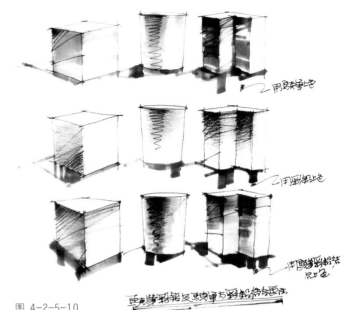

图 4-2-5-10

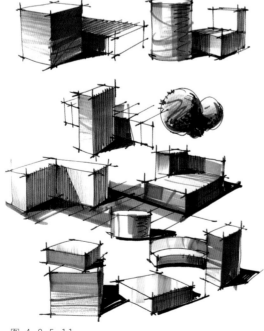

图 4-2-5-11

图 4-2-5-12

图 4-2-5-13

图 4-2-5-14

图 4-2-5-15

图 4-2-5-16

图 4-2-5-17

图 4-2-5-18

图 4-2-5-19

图 4-2-5-20

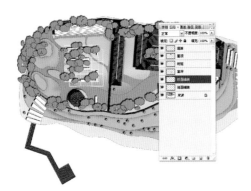

图 4-3-1-01 图层命名

图 4-3-1-02 选择--填充方法

图 4-3-1-03

图 4-3-1-05 透明笔触法

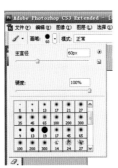

图 4-3-1-06 笔刷

第三节 综合表现技法

除手绘技法之外，越来越多的设计者开始尝试对综合技法的拓展，如借助草绘大师软件sketchup绘制景观场景，或尝试图形图像软件与钢笔技法的结合，以及与工程制图软件CAD的结合，图形图像软件包括Photoshop、Coreldraw、Illustrator等。由于简约的形式和艺术化的特质，使得这类方法的发展有胜于写实效果图的态势。当然具体的表现手法不一，重在实践与探讨。

本节训练内容可配合计算机辅助设计课程同步展开。

一、图形图像软件与线描的结合

原则：在线描图的基础上，用图形图像软件加以肌理化、色彩化。处理时应服从空间中真实的透视关系和真实的光影与质感的需要；追求色彩的鲜明和层次的丰富；如有笔触，力求洗练概括，笔法清新、有透明感。

方法一，色彩表现法：分别填充色块，或利用笔触塑造形体空间。

方法二，贴图法：通过添加真实贴图获得综合的视觉美感。

这里以Photoshop软件为例，探讨透视图与平立面图彩色渲染的表达方法。首先要掌握图层的使用规律，并能熟练运用，尽可能给每一个图层命名，以排除干扰、提高操作效率。（见图4-3-1-01）

Photoshop彩渲的方法及常用工具介绍：

1. 选择→填充法：套索选择或魔术棒选择→颜料筒填充或渐变填充（见图4-3-1-02至4-3-1-04）

2. 透明笔触叠加法：选择硬质笔触→设定笔触大小→使用喷笔工具→降低透明度→排线（过程中可不断更改笔触大小）（见图4-3-1-05至4-3-1-10）

3. 滤镜法：结合选择填充法→执行滤镜特效，如："滤镜/纹理/纹理化"模拟粗糙颗粒效果（见图4-3-1-11）

4. 贴图法：选择贴图→修剪→载入→协调处理（见图4-3-1-12至4-3-1-14）

5. 投影法：图层→添加图形样式fx工具→投影（常用于表现平面图中建筑物的标高或立面图中树木的投影）（见图4-3-1-15至4-3-1-21）

6. 渐变法：表现柱状、球状等不同形体的立体效果，或者辅助大面积底色渲染（见图4-3-1-22）

7. 多元混合技法：根据画面需要自由结合技法（见图4-3-1-23至4-3-1-29）

图 4-3-1-04

图 4-3-1-07

图 4-3-1-08

图 4-3-1-09

图 4-3-1-10

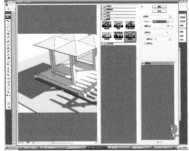

图 4-3-1-11 滤镜法

图 4-3-1-12 贴图法（张亮绘制）

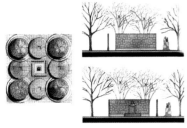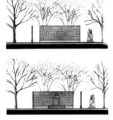

图 4-3-1-13 贴图法

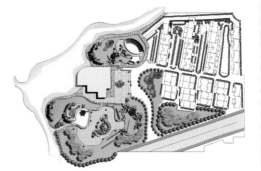

图 4-3-1-14 （池苗苗绘制）

图 4-3-1-15 投影法（王冬梅绘制）

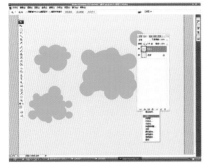

图 4-3-1-16 投影法步骤1

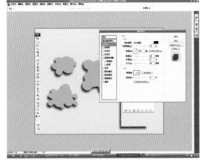

图 4-3-1-17 投影法步骤2

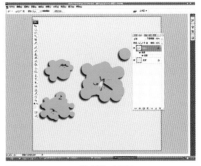

图 4-3-1-18 投影法步骤3

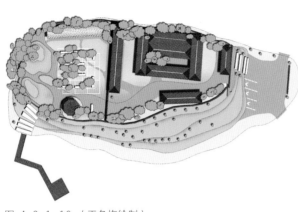

图 4-3-1-19 （王冬梅绘制）

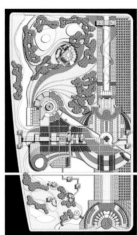

图 4-3-1-20

图 4-3-1-21

图 4-3-1-22 （王冬梅绘制）

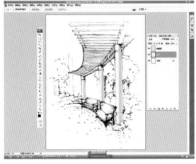

图 4-3-1-23 综合步骤1（王冬梅绘制）

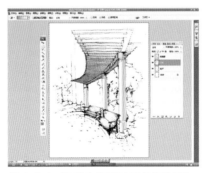

图 4-3-1-24 综合步骤2（王冬梅绘制）

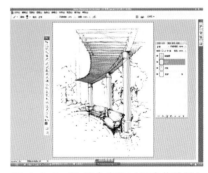

图 4-3-1-25 综合步骤3（王冬梅绘制）

图 4-3-1-26 综合步骤4（王冬梅绘制）

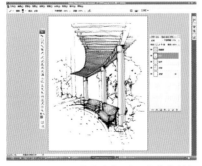

图 4-3-1-27 综合步骤5（王冬梅绘制）

图 4-3-1-28 综合步骤6（王冬梅绘制）

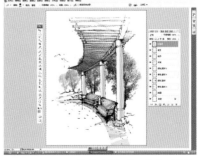

图 4-3-1-29 综合步骤7（王冬梅绘制）

二、三维软件表现

常用三维软件及渲染器，如3Dsmax、SketchUp、Lightscape、VRay等，借助三维软件可以真实地构筑预想场景，营造情境，丰富表现效果，它是继传统手绘教育之后计算机时代的产物，是一度最为大众广泛接受和青睐的形式。尤其近十年来，无论是软件本身的开发还是专业群体的综合艺术素养都得到了巨大的提升，就目前而言，写实性三维技法仍然将占有大量的市场。（见图4-3-2-01至4-3-2-21）

三维软件的技法一般多用于方案的深化设计阶段，尽管在表达形式上效果最为直观，但制作周期较长，所以从设计的前期构想阶段、中期的方案斟酌阶段，以至于后期的完整呈现，都有逐渐为手绘或其他综合技法取代的趋势，这也是现代追求快捷高效的时代精神的必然。

图 4-3-2-01 （池苗苗绘制）

图 4-3-2-02 （池苗苗绘制）

图 4-3-2-06 （王琳绘制）

图 4-3-2-03 （龙运东绘制）

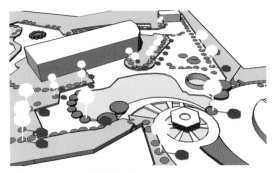

图 4-3-2-07 （张帆绘制）

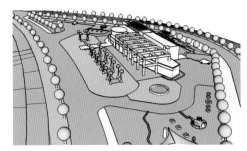

图 4-3-2-04 （孙柳莺绘制）

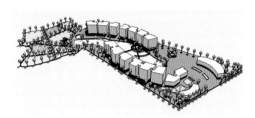

图 4-3-2-08 （张帆绘制）

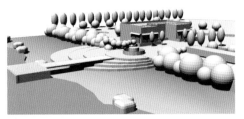

图 4-3-2-05 （王春乐绘制）

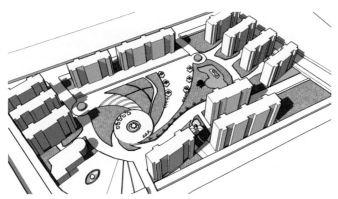

图 4-3-2-09 （李雯绘制）

图 4-3-2-10 （周宁利绘制）

图 4-3-2-11 （孙富贤绘制）

图 4-3-2-12 （孙富贤绘制）

图 4-3-2-13 （孙富贤绘制）

图 4-3-2-14 （宁禄明绘制）

图 4-3-2-15 （宁禄明绘制）

图 4-3-2-16

图 4-3-2-17

图 4-3-2-18

图 4-3-2-19

图 4-3-2-20

图 4-3-2-21

第四节　方案展示方式

方案的表达固然依托于新颖的创意、精美的效果、严格的图纸，但决定其终端展示效果的平台却是平面视觉语言的辅助应用和模型语言的补充。本节教学可结合平面字体设计课程、版式设计课程、模型制作课辅助开展，表述从略。

一、册页展示

册页展示的主要形式是标书。其内容格式和顺序可参看本书第三章第二节。注意标书装帧风格的整体统一，以及与景观主题风格的一致。

以下为杭州礼和建筑设计有限公司提供标书样本《罗马假日花园景观设计》的内页：

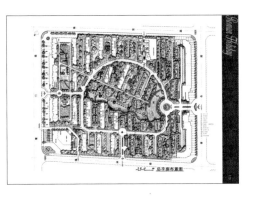

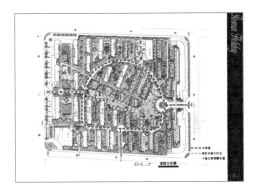

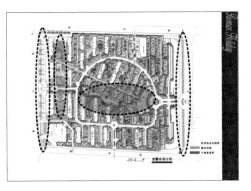

鸟瞰图

罗马广场正视效果图

罗马广场侧视效果图

天鹅湖效果图

威尼斯河道效果图

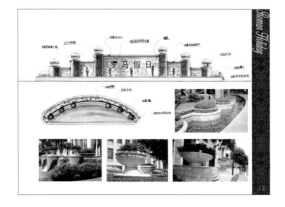

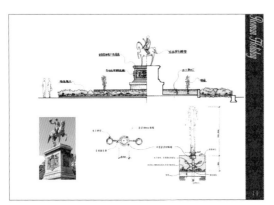

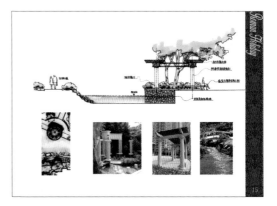

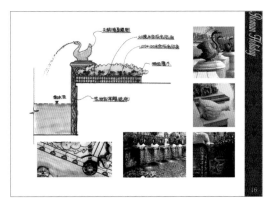

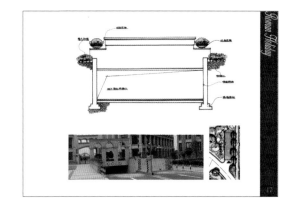

绿化设计

一、稀植设计的原则

（1）稀植设计的功能性原则作为景观性生态综合体的园区绿化，首先考虑的是其生态原则，最可能地多选用阔叶树及交织物群落各高平位面植被绿化等。优之最大限度的多养源，发挥生态效益。

（2）稀植设计的文化性原则在绿化稀植选择上要遵循各具特性稀植（百年以上）树种的原则，区以在近氛近到一定的景观要求。有浓厚时期的延续意味的使其植物景观特色与原植文化底蕴。人值在与与其生态长期生长和个、逐渐形或了带有深厚文化积淀的植物群落应用在具特色的稀植物栽植之化成果。本案希望通过稀植配置和群体配念。反映我稍在植物管营中个服务文物性物的稀植以及稍个服务稍物配置文化的交融与渗透。

（3）植物景观类学类别植物稀植的动感美学唯以要达到春技春、四季花、四季乐等。充分展示稍物的个体差、也个可表现植物的群体美、着盈体现景观的自然观。

（4）植物品种结合的新科技成果运用原树根稀植的速度性，选择国内外育种成功的新树珍品，鲜富植景景观，展示出然生物的多样性。

二、稀植设计的内容

植物稀植设计在整稀稀植设计当中种几重要的位置，是整稀环境的核心。环境的植物稀植设计一方面要连到植物生长和环境的要求，以及植物群落的丰富等特要求；另一方面要给供特殊的新阳、现、避道、遮荫等的多样性的功能、界例本、贾石、碎地、雕塑、小品、道路等空间意象未来在同空间进行遮和添满。景观美术来对整稀的空间意象的交互结合。同时地氛稀植面、雨量光林、水及稍物稠景等为。又整个园区景观提供地地稍物的栽植的稠稠。又整个地个特色、藏托个整稀景观环、哲想中通以"人本"的生活稀境空问到照明。给为本整个或整稀的就处物的生长稠物稍的稍群稍构营造营稠构、又是自然生态景观两项和基稠。根据调时的整稠风的层树稠等物群落运交互主供出相、针作为小稠植物稠数种区现、设计中适用的植物稠稠各具丰富的个环稠土地应用、上树大稠稠本、窈喜雅须须丰稠长等、形式上树界留空间、以保证夏季的邀暨物多手稠花的光儿、中稠查树本、以表稠调稠稠绿稠为上、稠稠结合低稠、稠、簇、从及芳的稠新、形成多更稠物景稠稠多界自的空间、下稠是稠绿绿稠道—稠个个在、花色稠多稠、稠植在不稠个稠稠中的个稠整稠绿稠的稠化、诗稠稠花稠、浴林次稠、稠个个稠、稠本稠稠种交、形或稠稠、明暗、稠稠对比、充分利用自然为、如、光、影、风、霜等因素、在富有生命的自然中稠造出有生命全的的多元化感情空间。

一、入口处及通道人行道植物配置

序号	学名	属	形态	习性	用途
1	罗汉松及罗汉竹		冬青属	常绿乔木	喜光耐荫耐寒	可做观赏，或盆栽材料
2	月季		蔷薇属	直立灌木	喜光喜肥耐旱	月开花至霜冻，花期蔷绿长
3	四季秋海棠		秋海棠属	多年生蔷绿草本	喜高温半阴耐	用于花坛布置及有较好观赏性，花色鲜明，为夏季花坛重要材料
4	吊竹梅		吊竹梅属	多年生蔷绿草本	喜高温耐荫	用于阳区大面积地被绿化，也可与石景等相配
5	合欢		合欢属	落叶乔木	喜光耐寒耐旱干	宜庭院绿化、行道绿

二、中心景观植物配置

序号	学名	属	形态	习性	用途
1	梅花			落叶乔木	喜光喜温耐寒	可作力善的新色梅饰，春可孤植或蔷放叶稀植
2	绣线菊			落叶灌木	喜温耐荫耐旱适应性强	花色或绿色、花期较早，是园林上害用绿化材料
3	常春花卉			草本植物	喜阳光耐寒耐瘠	可于丛栽花境、花径中应用，也可盆栽观赏，也可疏地栽植
4	地被			多年生草本	喜光耐荫耐湿	用于整树坛的绿化成规模稀稀花色坛，地被绿化为重点色彩，或适于荫等
5	草坪四缘植			多年生草本	喜光耐荫多瘠耐早	耐性强应用于山下四色左右、草碗地类整绿的绿化

三、水景植物配置

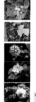

序号	学名	属	形态	习性	用途
1	垂柳		杨柳科柳属	多年生乔木	喜温暖湿润气候	道旁、湖边或自然式水岸，亦可观于盆栽观赏、花坛
2	杜鹃		杜鹃花科	常绿或落叶灌木	喜酸性土壤耐阴	常作孤植丛植布置，是园林中常见观花的灌木，林缘、草坡或于高大乔木之下
3	美人蕉		美人蕉属	多年生草本	喜温暖和充足阳光	可用于花坛布置花径、庭院或自然式栽植
4	莲翘		扫帚属	落叶灌木	园林绿植耐阴耐湿	宜丛植、庭院绿化、湖滨成片应用

四、宅园植物配置

宅园绿化配置要考虑多样性和稠富性，是从据近了人的生活，也稠到"一地一稠色，种可有不失整稠的适赏性，宜以以乔等、蜿蜿安乔—然栽棵稠等，稠稠、稠—稠、稠稠坪稠稠稠、是稠稠稠稠稠植物的稠性、一稠地就自然生稠稠乔稠个稠乔稠栽植、稠棵—稠稠稠本各地稠稠适稠稠杨稠稠、稠稠植稠物多样性稠稠物稠稠种栽、稠稠地稠稠稠稠稠稠稠、稠稠稠稠、稠—稠、稠色稠稠稠—稠—稠稠。以及秋季稠稠稠稠乔稠乔乔门、包稠稠枫稠和秋稠的稠和稠稠稠、稠稠的稠稠稠稠个稠空间的稠稠门、稠—稠稠稠花稠稠、稠色稠稠个稠物的稠稠稠、如稠花、金稠花、日本稠稠等、秋季稠的稠稠稠不同的稠稠稠、稠叶稠稠、稠稠稠稠稠的稠色、稠其稠稠个稠色稠、稠稠、稠稠、如稠人稠稠、稠稠稠等稠、稠稠稠的稠稠稠稠、一稠色稠稠稠、如稠等稠稠稠色稠稠的稠稠乔、稠可为稠花稠花稠、稠稠稠稠稠稠稠或稠稠稠稠丰稠稠的稠稠稠稠、如稠稠稠稠的稠稠的稠稠、稠稠稠、稠、稠色稠、稠色稠稠、稠稠稠稠、稠稠稠稠、稠稠稠、稠稠稠、稠稠稠稠稠稠、稠稠稠、稠稠稠、稠稠稠稠、稠稠稠稠稠乔、稠安稠稠稠稠、稠稠稠稠稠、稠稠的稠稠稠稠稠。

序号	学名	属	形态	习性	用途
1	银杏		银杏属	落叶乔木	喜光喜湿润适应性强	孤立稠植、稠群稠稠、稠稠稠稠、稠稠稠稠稠
2	稠子		稠稠属	落叶或常绿小乔木	喜光耐阴	可作稠稠、稠稠地被、稠稠稠、稠稠、花色稠稠稠
3	马褂木		稠稠属	落叶乔木	喜光喜温	干稠秋稠、叶形稠稠、花色稠色、作稠稠稠稠、是稠稠稠稠稠稠稠种类中稠稠稠
4	八角金盘		八角金盘属	常绿灌木	喜阴耐荫	稠稠稠稠、稠稠稠稠、稠稠稠稠稠、有稠好的稠稠稠稠
5	牡丹		芍药属	落叶灌木	喜光喜温耐寒	稠大大稠、是稠稠稠稠稠、丛稠稠、稠稠稠稠稠以稠整稠整稠稠对稠稠稠稠稠稠稠

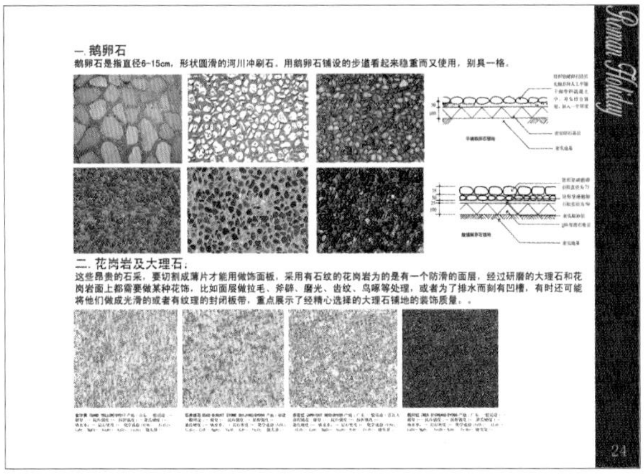
一. 鹅卵石
鹅卵石是指直径6-15cm，形状圆滑的河川冲刷石。用鹅卵石铺设的步道看起来稳重而又使用，别具一格。
二. 花岗岩及大理石：
这些昂贵的石采，要切割成薄片才能用做饰面板，采用有石纹的花岗岩为的是有一个防滑的面层，经过研磨的大理石和花岗岩面上都需要做某种花饰，比如面层做拉毛、斧辟、磨光、齿纹、鸟啄等处理，或者为了排水而刻有凹槽，有时还可能将他们做成光滑的或者有纹理的封闭板带，重点展示了经精心选择的大理石铺地的装饰质量。。
Roman Holiday
24

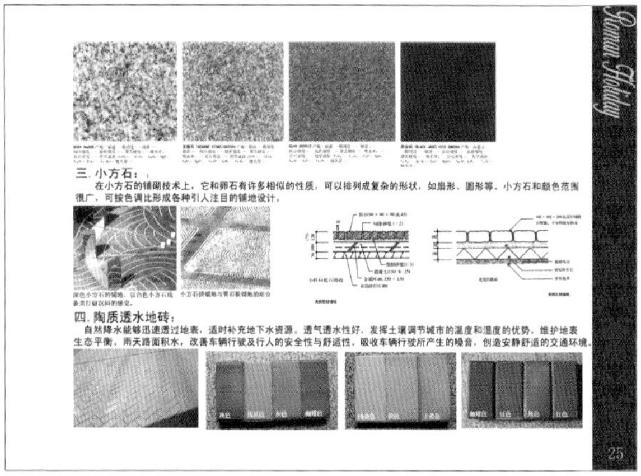
三. 小方石：
在小方石的铺砌技术上，它和卵石有许多相似的性质，可以排列成复杂的形状，如扇形、圆形等。小方石和颜色范围很广，可按色调比形成各种引人注目的铺地设计。
四. 陶质透水地砖：
自然降水能够迅速透过地表，适时补充地下水资源。透气透水性好，发挥土壤调节城市的湿度和温度的优势，维护地表生态平衡。雨天路面积水，改善车辆行驶及行人的安全性与舒适性。吸收车辆行驶所产生的噪音，创造安静舒适的交通环境。
Roman Holiday
25

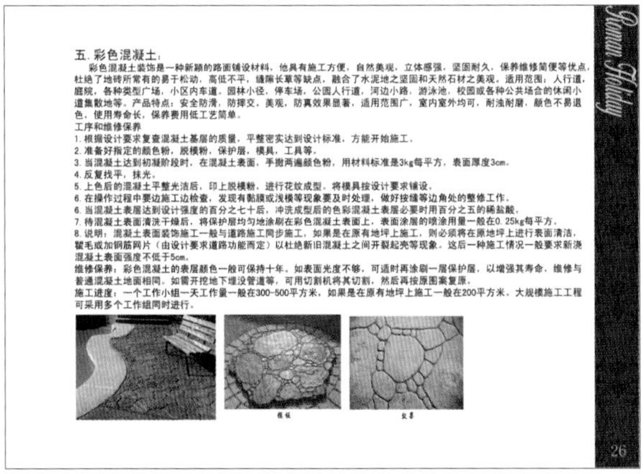
五. 彩色混凝土：
彩色混凝土装饰是一种新颖的路面铺设材料，他具有施工方便，自然美观，立体感强，坚固耐久，保养维修简便等优点，杜绝了地砖所常有的易于松动，高低不平，缝隙长草等缺点，融合了水泥地之坚固和天然石材之美观。适用范围：人行道，庭院，各种类型广场，小区内车道，园林小径，停车场，公园人行道，河边小路，游泳池，校园或各种公共场合的休闲小道集散地等。产品特点：安全防滑，防摔交，美观，防真效果显著，适用范围广，室内室外均可，耐浊耐磨，颜色不易退色，使用寿命长，保养费用低工艺简单。
工序和维修保养
1. 根据设计要求复查混凝土基层的质量，平整密实达到设计标准，方能开始施工。
2. 准备好指定的颜色粉，脱模粉，保护层，模具，工具等。
3. 当混凝土达到初凝阶段时，在混凝土表面，手撒两遍颜色粉，用材料标准是3kg每平方，表面厚度3cm。
4. 反复找平，抹光。
5. 上色后的混凝土平整光洁后，印上脱模粉，进行花纹成型。将模具按设计要求铺设。
6. 在操作过程中要边施工边检查，发现有黏膜或浅模等现象要及时处理，做好接缝等边角处的整修工作。
6. 当混凝土表层达到设计强度的百分之七十后，冲洗成型后的色彩混凝土表层必要时用百分之五的稀盐酸。
7. 待混凝土表面清洗干燥后，将保护层均匀地涂刷在彩色混凝土表面上，表面涂层的喷涂用量一般在0.25kg每平方。
8. 说明：混凝土表面装饰施工一般与道路施工同步施工，如果是在原有地坪上施工，则必须将在原地坪上进行表面清洁，鑿毛或加钢筋网片（由设计要求道路功能而定）以杜绝新旧混凝土之间开裂起壳等现象。这后一种施工情况一般要求新浇混凝土表面强度不低于5cm。
维修保养：彩色混凝土的表层颜色一般可保持十年，如表面光度不够，可适时再涂刷一层保护层，以增强其寿命，维修与普通混凝土地面相同。如需开挖地下埋没管道等，可用切割机将其切割，然后再按原图案复原。
施工进度：一个工作小组一天工作量一般在300-500平方米，如果是在原有地坪上施工一般在200平方米。大规模施工工程可采用多个工作组同时进行。
Roman Holiday
26

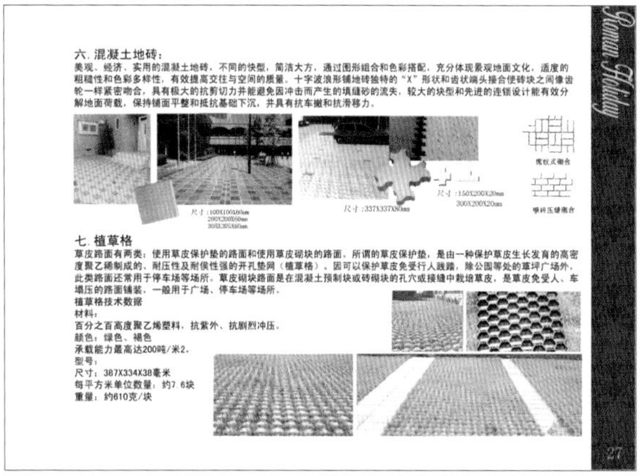
六. 混凝土地砖：
美观、经济、实用的混凝土地砖，不同的快型，简洁大方，通过图形组合和色彩搭配，充分体现景观地面文化，适度的粗糙性和色彩多样性，有效提高交往与空间的质量。十字波浪形铺地砖独特的“X”形状和齿状端头接合使砖块之间像齿轮一样紧密吻合，具有极大的抗剪切力并能避免因冲击而产生的填缝砂的流失，较大的块型和先进的连锁设计能有效分解地面荷载，保持铺面平整和抵抗基础下沉，并具有抗车撇和抗滑移力。
尺寸：100X100X60mm
200X200X60mm
305X305X60mm
尺寸：337X337X80mm
尺寸：150X200X20mm
300X200X20mm
七. 植草格
草皮路面有两类：使用草皮保护垫的路面和使用草皮砌块的路面。所谓的草皮保护垫，是由一种保护草皮生长发育的高密度聚乙稀制成的、耐压性及耐侯性强的开孔垫网（植草格）。因可以保护草皮免受行人践踏，除公园等处的草坪广场外，此类路面还常用于停车场等场所。草皮砌块路面是在混凝土预制块或砖砌块的孔穴或接缝中栽培草皮，是草皮免受人、车塌压的路面铺装，一般用于广场、停车场等场所。
植草格技术数据
材料：
百分之百高度聚乙烯塑料，抗紫外、抗剧烈冲压。
颜色：绿色、褐色
承载能力最高达200吨/米2。
型号：
尺寸：387X334X38毫米
每平方米单位数量：约7.6块
重量：约610克/块
Roman Holiday
27

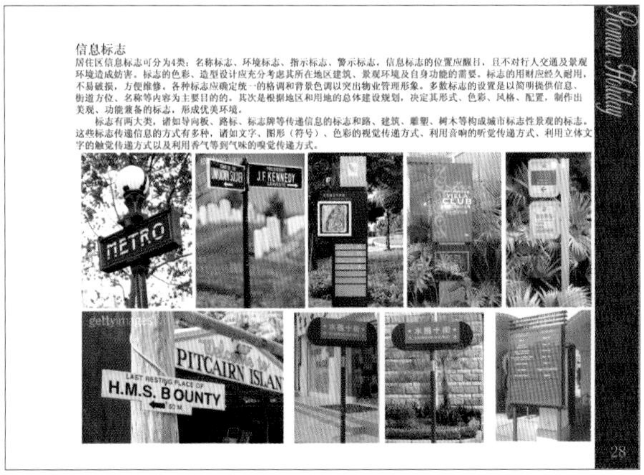
信息标志
居住区信息标志可分为4类：名称标志、环境标志、指示标志、警示标志。信息标志的位置应醒目，且不对行人交通及景观环境造成妨害。标志的色彩、造型设计应充分考虑其所在地区建筑、景观环境及自身功能的需要。标志的用材应经久耐用，不易破损，方便维修。各种标志应确定统一的格调和背景色调以突出物业管理形象。多数标志的设置是以简明提供信息、街道方位、名称等内容为主要目的的。其次是根据地区和用地的总体建设规划，决定其形式、色彩、风格、配置，制作出美观、功能兼备的标志，形成优美环境。
标志有两大类，诸如导向板、路标、标志牌等传递信息的标志和路、建筑、雕塑、树木等构成城市标志性景观的标志。这些标志传递信息的方式有多种，诸如文字、图形（符号）、色彩的视觉传递方式、利用音响的听觉传递方式、利用立体文字的触觉传递方式以及利用香气等到气味的嗅觉传递方式。
METRO
J.F.KENNEDY
PITCAIRN ISLAN
LAST RESTING PLACE OF
H.M.S. BOUNTY
Roman Holiday
28

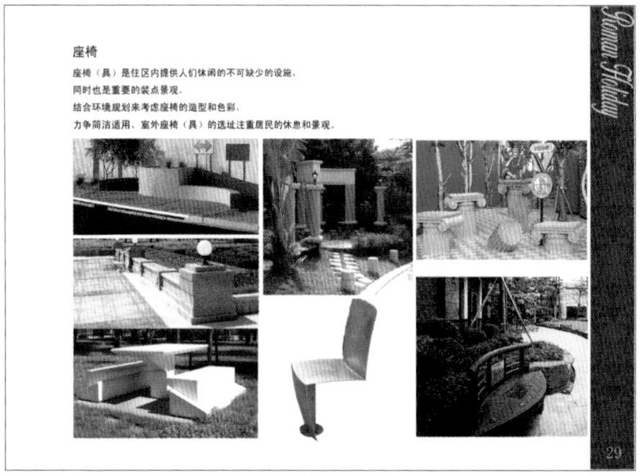
座椅
座椅（具）是住区内提供人们休闲的不可缺少的设施，
同时也是重要的装点景观。
结合环境规划来考虑座椅的造型和色彩，
力争简洁适用。室外座椅（具）的选址注重居民的休息和景观。
Roman Holiday
29

座椅的设计与实物的对比

座椅的制作材料丰富多彩，
绿木材、石材、混凝土、
各类仿石材料、铸铁、板材、
铁管、陶瓷、FRP 等外，
还有木材与混凝土、木材与
铸铁等组合材料。

座椅的基本尺寸与要素

垃圾箱

借鉴国际最先进的垃圾分类概念，在有条件的情况下采用分类放置式垃圾箱。垃圾箱的造型应多样应用以实用，方便为主。造型材料选择应结合周边环境色彩，采用较为适宜的材料与整体总位相协调。

灯光配置综述

1设计依据
（1）国际照明权威机构"国际委员会"（CIE）的有关城市夜景照明技术文件。
CIE publication NO.94（Guide for floodlighting 1993）
CIE publication NO.94（Guide for floodlighting Urban areas 1993）
我国有关照明电路部分设计标准。
（2）《建筑电器设计手册》——中国建筑工业出版社
GBJ/T16-97（民用建筑电气设计规范）
GBJ303-88（建筑电气安装工程质量检验评定标准）
2.设计内容
小区区域范围内景观灯光设计。包括道路照明、景观灯光、水体部分绿化植物的亮化。
3.设计定位
通过对街道/绿化/雕塑、水景、小品等的饰景照明，利用灯光创造完善的室外环境，增加外部空间的艺术表现力。
4.设计原则
（1）"以人为本"的原则：设计要充分考虑人们在夜间游览、交往等活动时对灯光照明的需要。需考虑安全的心理和交往的心理需求。
（2）"艺术品位"的原则：要把灯光夜景作为一门艺术来进行研究和实施。通过灯光的色彩、明暗、动静的有机结合，使每个灯光形成一个艺术精品。每个灯光区域成为一幅艺术作品。充分展示夜间灯光城景的艺术风格和艺术追求。
（3）生态原则：光源、灯具的选择，必须考虑绿色照明，防止光污染对地球艳光发生，尽量使用低能耗、高效率、环保型的光源。
（4）运行维护安全方便原则：线路的敷设、灯具的选择，必须考虑安全、防盗、维修方便，重大节日三级设计对灯光控制设计。
（5）设计控制原则：特别强调控制系统的设计，考虑采用智能化技术，按季节、一般节日等设计灯光。
5.设计手法
（1）两种基本表现方式
A 亮化重点
B.科学地计算照明和亮度
分析环境的功用、造型的特征、立面的材质和周围的明暗关系以及主题烘托要求，选择适当的平均照明和区域照度，恰如其分地染色环境处画面。

（3）经济要求
在达到同样照明效果的前提下，考虑照明的经济指标。利用先进的LCULUXAREA2.0照明辅助设计软件。计算灯具的正确使用数量、选择高效率、长寿命的光源和电器及灯具。以较少的投入达到较好的效果，降低配电施工费用和用电量，降低易更换，维护与消耗费用。

六、照明分类

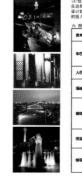

照明分类		适用场所	参考照度（Lx）	安装高度（m）	注意事项
车行照明		居住区主次干路	10~20	4.0~6.0	①灯具应选用明适光束下射下照，②要避免眩光刺射至户内，③灯光线投射道路上方照明。
		自行车、汽车场	10~30	2.5~4.0	
人行照明		步行行（小径）	10~20	0.5~1.2	①避免眩光外泄，②采用较低杆照明，③灯光效果宜。
		休息广场、庭院	10~50	0.3~1.2	
场地照明		活动场	100~200	4.0~6.0	①多采用下照明方式，②灯光创造照度艺术化。
		休闲广场	50~100	2.5~4.0	
		广场	150~300		
绿地照明		水下照明	150~400		①多采用彩色、防眩光，多彩色绚的泛光照明较12伏安全电压。②区照明较少特殊灯灯灯明。
		树木绿化	150~300		
		花坛、花境	30~50		
		喷泉、门灯	200~300		
安全照明		出入口（单元门）	50~70		①灯具应造型美观，②灯光不宜过于方便疏散，③是配置行安全方便照明。
		疏散口	50~70		
特写照明		桥梁	100~200		①照明精彩，②景光烘托光泽特多样形式。③灯光不宜直接射入室内。
		雕塑、小品	150~500		
		建筑立面	150~300		

水景·绿化灯光

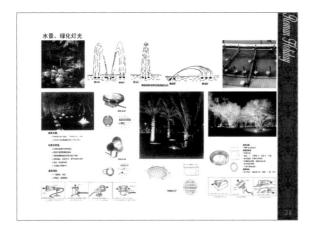

商业街灯光-灯火通明的购物天地

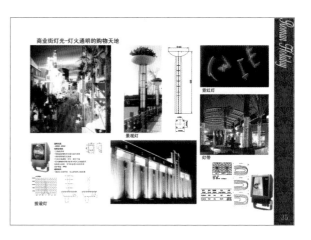

二、展板展示

学生可以在平面版式课的基础上，了解有关平面视觉语言的运用规律，然后以成熟的专业姿态自行设计版式，充分表达作品的设计意图，并保障设计风格的贯穿一致。这是园林景观专业以及环境艺术方向的学生们综合素养的基本要求。设计不分界限，拥有良好而全面的专业素养的人，才可能具备成为一流设计师的资质。

展板规格：A1，像素：150～300 dpi。

展板1–2内容：侧重主题概念分析，板3–4内容：侧重方案展示。也可以概括为两张展板，具体视设计容量而定。（见图4-4-2-01至4-4-2-03）

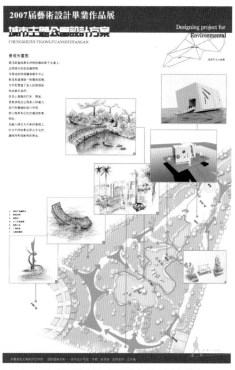

图 4-4-2-02 张存涛（指导教师：王冬梅）

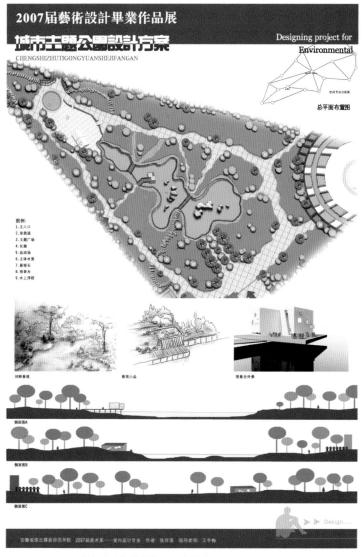

图 4-4-2-01 张存涛（指导教师：王冬梅）

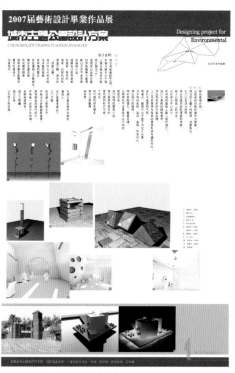

图 4-4-2-03 张存涛（指导教师：王冬梅）

图 4-4-3-01 概念模型（石倩倩）

图 4-4-3-02 概念模型（石倩倩、张莹、王露露、吴琼）

图 4-4-3-03 紫砂泥概念模型（王江）

三、实体展示

1. 全景模型：写实类、抽象类；

2. 立面模型：反映立面高程关系的模型；

3. 材料样板：展示风格定位、材料实物小样、主体元素的基本参照。一般用于方案设计初期与业主的交流，以及投标时配合标书呈现的辅助形式。（见图4-4-3-01至4-4-3-10）

参考文献：

[1]钢笔建筑室内环境技法与表现/吴卫著.北京：中国建筑工业出版社，2002.第90~93页

[2]室内设计表现图技法/符宗荣.北京：中国建筑工业出版社，1996.第36~40页

作业：

1. 钢笔线描慢写训练：（A3规格）

（1）临摹优秀的钢笔技法作品

（2）用钢笔技法临绘大师经典绘画作品

2. 钢笔淡彩技法训练：（A3规格）

（1）临摹优秀的马克笔或其他淡彩作品

（2）将写实照片翻译成具有设计感的钢笔淡彩稿

3. 综合技法训练：（A2规格，120dpi）

结合Photoshop、CAD等计算机辅助课程，完成一张景观平面图的彩色渲染。

4. 版式训练：

（1）结合平面设计课程，手工拼贴平面版式10张，纸质与材料不限，规格A4大小。

（2）完成一个园林景观设计作品的展板展示，规格A1，150dpi。

5. 模型制作训练：规格不小于50cm×50cm。

图 4-4-3-04 紫砂泥概念模型（陈妮）

图 4-4-3-05 紫砂泥模型（贵苏予）

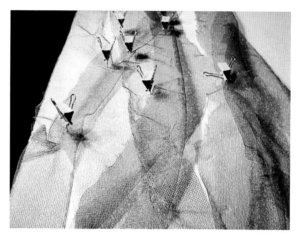

图 4-4-3-06

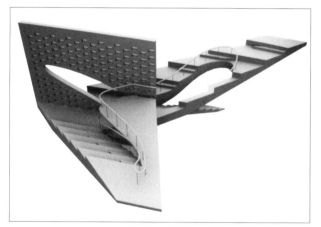

图 4-4-3-07

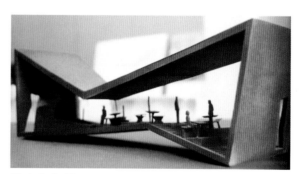

图 4-4-3-08

图 4-4-3-09

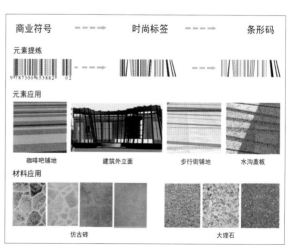

图 4-4-3-10 （杭州礼和建筑设计有限公司供稿）

第五章　案例赏析

案例一：《黄河问渔》——黄河故道生态民俗园设计

设计者：王冬梅　陈伟

设计说明：

1. 黄河故道简介

清代咸丰5年黄河再次决堤，由河南省兰考县改道北徙后，在砀山留下了长达46.6公里的黄河故道，横穿县境，蜿蜒百里，其中水面650公顷，湿地300公顷。作为国家级生态示范区、省级自然保护区、国家经济林先进县、平原绿化先进县，砀山不仅具有区位优势，而且具有丰富的人文和自然景观。其三省交界处的"沙土国"保持了黄河故道"沙岗"、"沙丘"的生态原貌；故道景观秀丽，河水清澈见底，河藻在水中摇曳，百鸟翔集，鲤鱼跳跃，蒲草、芦苇、莎草等湿地特有植物百种以上，茁壮茂密。更兼有"古渡晓月"、"瑶池烟霞"之胜景，如丹青画卷，荡舟其上，乐不思归。

2. 主题定位——"黄河问渔"

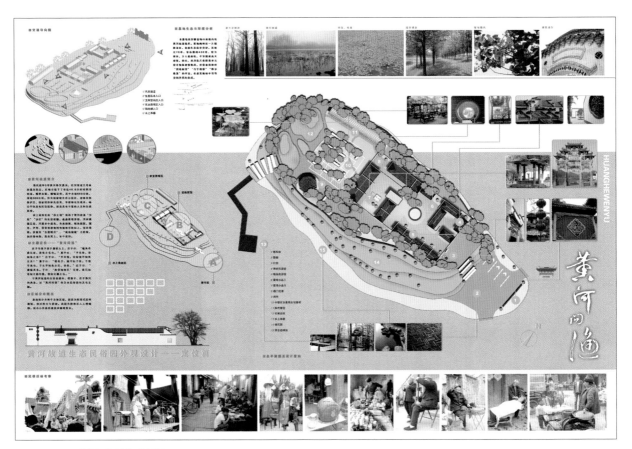

图 5-1-01 《黄河问渔》分析篇

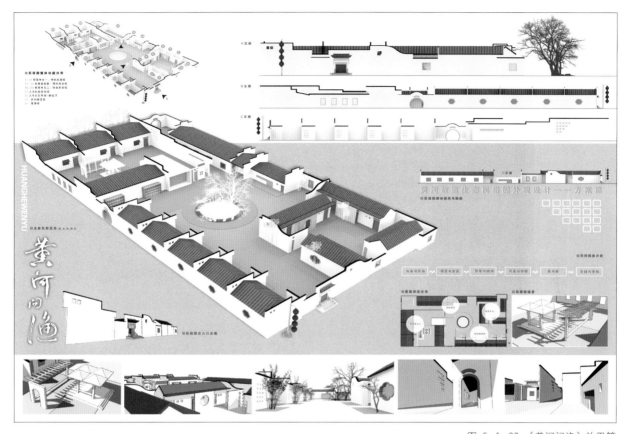

图 5-1-02 《黄河问渔》效果篇

　　庄子与惠子游于濠梁之上，庄子曰："儵鱼出游从容，是鱼之乐也。"惠子曰："子非鱼，安知鱼之乐？"庄子曰："子非我，安知我不知鱼之乐？"惠子曰："我非子，固不知子矣。子固非鱼也，子之不知鱼之乐，全矣。"庄子曰："请循其本。子曰：'汝安知鱼乐'云者，既已知吾知之而问我，我知之濠上也。"于黄河故道的生态自然中，借惠子、庄子渔问的典故，以"黄河问渔"作为本民俗园的文化主题。

　　3．基地生态与环境分析

　　本案地处安徽省砀山县境内的黄河故道堤岸。基地掩映在一片桃林深处，自然生态保存完好，南北70米，东西横跨430米，较为狭长，且土质疏松，不宜搭建高大建筑。因此，采用低尺度院落单元结合独体建筑格局，并借鉴园林的"因地制宜"、"巧于因借"、"移步换景"的手法，在虚实掩映中引导空间序列的完成。建筑样式参照砀山县古老民居的格局，并结合徽派建筑的特点造就。

　　基地划分为四个主体区域，由停车区入口，前段主体空间为院落式民俗展馆，相对围合与封闭，后段为园林式农业景观区，经由曲折小径通往水上休闲区。使游人在观看了地域民俗展览、体验了农业景观和民俗农具之后，一亲黄河故道的自然之美，感悟千年文化的传承。

案例二：《水的变革 通往伊甸园的路……》

——LFLA 2008大赛作品

创作小组成员：重庆大学建筑城规学院07级研究生：

刘杨，李佳妮，李栋，张喆，朱理东

概念设计说明：

本项目定位于重庆长江段的珊瑚坝，最初的灵感源自德国小说《变形记》（英文译文 The Metamorphosis)，本方案把原文小说主人公改成了小水滴，主题围绕水来展开。第一章是小水滴起床发现自己变得污浊不堪，从而焦急地寻找解决办法；最后一章，小水滴激动地哭了，他又变得清澈了，因此本设计也叫做《小水滴历险记》。鉴于水是大地的经脉，交通是络脉，本设计即以水内在的"行"来塑造其视觉上呈现的"形"。

整套图纸第一章是作为理论阐述的引子，即国际国内设计理念的对比剖析以及本案实际基地的现状考察分析。

后面三章分别是"变"、"行"、"季"："行"是改造的手法；"季"是本案基地在不同水位出现的不同景观效果；"变"是变革的设计核心所在，力图使每个水系、路径都灵活通畅，并统筹设计了长江水的过滤净化设施以及针对岸边生活污水进行的科学处理。详解如下：

一号图

第一部分：引子Opening words（贯穿整个设计的主题故事）

一日清晨，小水滴睁开朦胧的双眼，却发现完全已经不是自己了，全身恶臭不堪，体内还飘浮着不知名的杂物。小水滴完全呆住了，脑子里一直回响着一个声音"我出了什么事情？我出了什么事情……"他想，这可不是梦，小水滴开始寻找原因和自救方法。——改编自《变形记》（卡夫卡）

第二部分：理念 Idea

A. 大赛主题源起：2008 LFLA 国际景观设计大赛主题是："水的变革，通往伊甸园的路……"要求通过水的变革，来打造一个人间的"伊甸园"。

B. 我们的主题定位：通过卡夫卡小说《变形记》，中文音译（变、形、记变成transforming， flowing and season），同时结合小说翻译内容，通过小水滴历险记来隐喻本次大赛的主题。

理念阐述：Concept

行：1）因水的自然的形态power of water进行设计，解决场地中存在的水的问题，从而达到水的变革Comes to Transforming on Water。

2）本设计中水的外在形态来自于对水运行的理解，从而通过水的自身特性达到对场地的生态环境的重新疏理构建，实现水的变革。同时引用中国传统医学的经络理论。

季：季节的更替。引入"时间"这一因素，与场地中水的潮汐涨落结合，呈现出"因水而变"的四维水景——场地内水

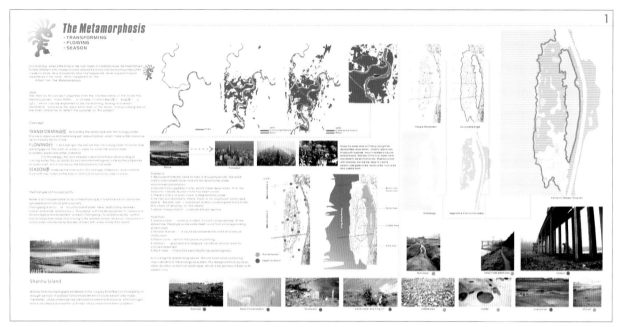

一号图

的潮涨潮落。

变：通过景观技术层面的处理，使水成为积极的变革因素，赋予场地更多活力，得到一个崭新的可自我循环的新环境。

第三部分：场地现状分析

山水城的变迁：The changes of Chongqing city

水是景观中不能缺少的因素。无论在自然之中，或者在人类社会中，都是不可忽视的"力量"。山水格局的重庆，城市掩映在山体中，依山傍水，逐水而生。随着城市、社会的发展，科技不断的提高，城市规模急速膨胀，人们远离了水，生活在水泥森林中，但内心仍然向往一片绿洲，依然存在着一个夙愿——对绿洲的渴望，一个与水共生的对伊甸乐园的渴望。

珊瑚坝：Shanhu Island

珊瑚坝——长江流域重庆段左岸最大的沙洲，枯水期与城市滨江路岸堤相连，都市的触角由此延伸进来，带来了人的无序、肆意的活动，引发了若干环境问题。

基地存在的问题：Problems

1. 由于枯水期形成的内湖，自身水体无法自净，以及受到周边污染问题形成的"死水"

2. 场地中的雨水沉积形成的积水坑，形成"死水"，良好的自然机理被荒废

3. 消落带的植被匮乏

4. 人的无序活动对岛内本已单薄的生态链造成了严重的破坏，缺少有组织的景观空间

5. 城市交通——高架桥对场地的影响

现有的潜力：Potentials

1. 内河问题——激活后可以涵养基地，同时自身大面积水域也可以形成相应的水体景观

2. 自然机理——可转换成丰富的天然的自然景观

3. 植被——丰富植被种植空间

4. 高架桥——变相的灰空间，可作为人集中休憩的区域

5. 岩石区域——可开发

经过探索，我们对场地进行了持续的生态系统改造，从而构建一个理想的动态滨水景观——一个与水共生的城市伊甸园。

由于长江水位下降，珊瑚坝岛屿与河岸相连，形成天然的堤岸，并围住一部分江水，形成内河。其岛屿（包括河岸）按地质大致可以分为四个部分——滨江绿带、沙土地带、卵石地带、岩石地带。

关键词：

沙土地带/岩石地带/卵石地道/滨江绿带/积极元素/消极元素/垃圾/水污染/浮萍/生活污水排放/高架桥/水坑/内河/绿化/元素叠加图

二号图：flowing 行

行与形的关系

"行"是指水的运行之道，"形"是指水的外在形态，"形随行"。本设计中，进一步体现了"以人为本"的设计宗旨，并将体现此宗旨的设计过程引入更为细腻深化的领域。由此使设计思维进入一个从事物本质出发的、更为开阔的新视野和新空间。

中医经络学说

"经络"是经脉和络脉的总称。"经"，有路径之意。经脉贯通上下，沟通内外，是经络系统的主干。"络"，有网络之意。络脉是经脉别出的分支，较经脉细小，纵横交错，遍布全身。中医中的针灸就是利用经络的相互关联的原理，由表及里，通过对表象症结的治理而使得整个身体机能恢复正常。我们的基地也正是利用中医的针灸疗法，来激活基地的水系统，通过对基地的水系统现状的症结点进行针灸治疗，梳理出岛屿上水系统的运行之道，即水的"行"。从而让基地的水系统活起来，进而使得整个岛屿活起来。

以人为本出发，从珊瑚坝原有的人的行为聚居点的不断发展和演变，我们进行分析得出"行"：水行的轨迹——水系，人行的轨迹——路网，人聚集点——景观节点。通过各个分析图的叠加，最后得出总图。右首手绘分析图是我们预想的建成后人们在岛屿中的活动场景。

相关关键词：

行/水行/人行/经络/症结/治症穴位 /疏通/连接/人行系统/水行系统/植物系统/活动与场所/稳定塘/沙岸游戏区/眺望台/湿地岛屿/浮桥/水脉/智能弧桥/童趣池/湿地边界/柳树绿廊/岩石岛屿/驳岸湿地/浮动游舫/集会岛/净化台/

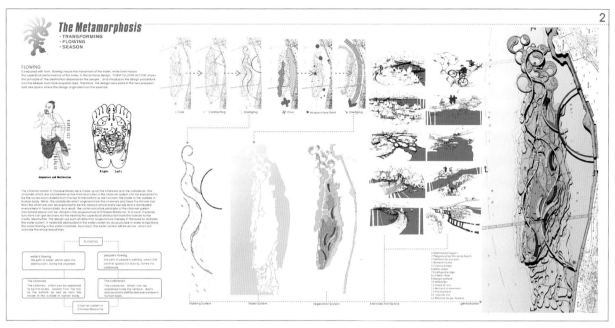

二号图

三号图：season 季

江水水位随着季节的更替而涨落，同时由于场地的自然肌理，也会随着季节的更替时而与岸基相连，时而漂浮于江上，时而没入江中。景观不再是固定的三维空间，而是一个动态的四维空间。

当江水水位达到168时，场地与岸基相连，场地内的各种景观均完整的呈现；当江水水位达到172时，场地边缘的沙石区被淹没，生态稳定净化塘的若干主要塘体仍处于水平面以上；当江水水位达到175时，场地的大部分被江水淹没，而人行系统的主流线会随着水位漂浮于江上，可引导人们到达场地的最高处；当江水水位超过175之后，场地完全被淹没，而人行系统的主要流线仍然存在，形成水上的景观走廊。同时，岛上的喷泉在水下喷出，使水面产生层层波澜，让人们能感受到岛的存在。

四号图：Transforming 变（技术层面说明）

交通系统 Circulation System

浮动的交通系统

浮动的交通分为两个部分，一是入口的大浮梯，连接滨江步道与珊瑚坝；二是岛上的人行步道。为了使人们在涨水季节也能上岛游玩，我们将人行步道设计为能随水位涨落浮动的。低水位时，入口步道成台阶状，连接到岛的亲水岸边；随着水位的上涨，若人行步道下方的支架装设有水位感应器，则能自动上升，浮于水面之上，保证人的通行。当水位涨到最高时，大浮梯与场地人行步道连接，形成浮在水上的交通环道。

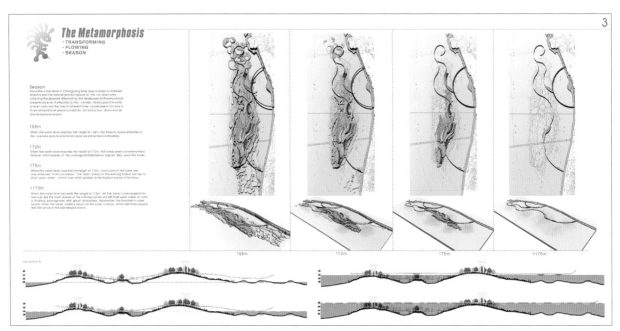

三号图

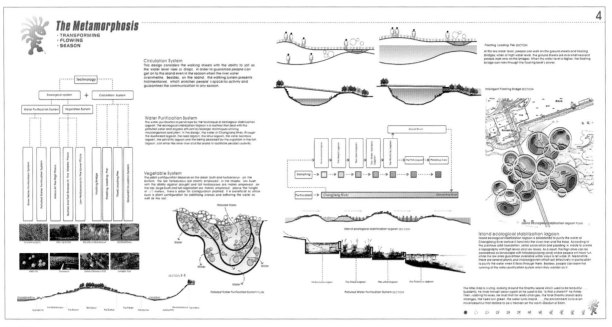

四号图

立体交通系统

岛上的人行系统是立体的，当水位较低时，人可以在上下两层活动。水位上升以后，下层人行步道被淹没，人全部在上层活动。当水位再次上涨时，上层人行步道就会随着水位浮动上升。这样的立体交通既能丰富人们的活动空间，同时保证了各个季节人的通行。

稳定塘水净化系统

水的净化系统Water Purification System

水的净化通过生态稳定塘的技术处理。生态稳定塘是一种利用水塘中的微生物和植物对污水和有机废水进行生物处理的方法。引导水经由浮萍塘、芦苇床、莲藕塘、茭白床、睡莲塘，之后再经由鱼塘中生物吸收，最终进入内河和岛上，成为能供人们嬉戏的净水。

植物系统Vegetable System

珊瑚坝植被采用原有基地的植被，以甜根子草丛为主，在四周砾石堆上配置狗牙根、扁穗牛鞭草等。中部在恢复甜根子草丛群落的同时，可配置秋花柳、枸杞、疏花水柏枝等灌丛，形成灌——草复合群落。整体植物配置考虑乔、灌、草模式：下部以低矮草本为主，中部以高草草丛和低矮耐淹灌木为主，上部以大灌木和高草草丛为主，175m以上区域栽植乔木。这样的植物配置利于群落稳定和保持水土。

相关关键词：

平面示意/剖面示意/原理/植物配置/乔木/灌木/草本/技术/生态系统/江水净化系统/生活污水净化系统/上部乔木/中部灌木及高草草丛/下部低矮草本/大浮梯/浮动栈桥/固定栈桥/地面步行系统/

结束语：Conclusion

设计图纸结语，再次回到了小水滴历险记的故事：小水滴激动得哭了，看到周边变得干净了，自己又变得漂亮起来，再次找回了原先的自己。小水滴的变化暗示着环境的转变，回归伊甸园当初的美丽。

案例三：全国环艺设计学年奖获奖作品

2003年开始的"中国高校环境艺术设计专业毕业设计主题年"活动延续到2005年以"中国环艺设计学年奖"定名，它是中国环境艺术设计类评奖中，唯一纯粹以专业教学毕业设计定位的一项权威大赛；由中国建筑学会室内设计分会教育工作委员会发起评选编撰，郑曙旸担任编委主任。大赛内容涉及七个方面，分别为：建筑景观、广场景观、城市景观、居住空间、工作空间、公共空间、光与空间，每项又分别设置概念创意、工程方案两类。

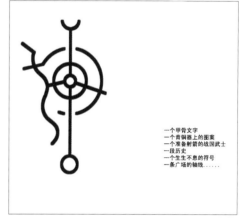

一个甲骨文字
一个青铜器上的图案
一个准备射箭的战国武士
一段历史
一个生生不息的符号
一条广场的轴线……

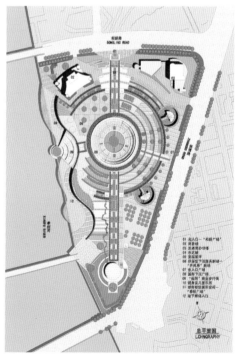

总平面图
LOHNGRAPHY

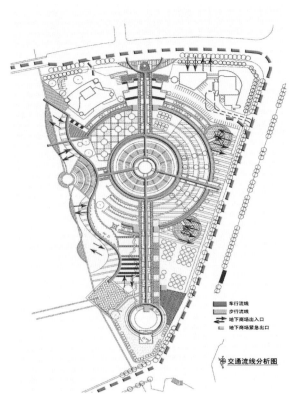

交通流线分析图

车行流线
步行流线
地下商场出入口
地下商场紧急出口

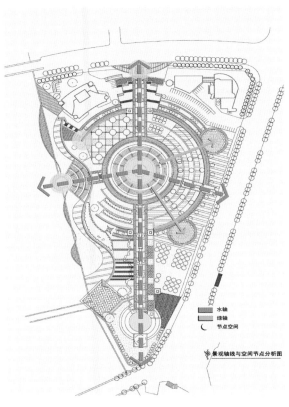

景观轴线与空间节点分析图

水轴
绿轴
节点空间

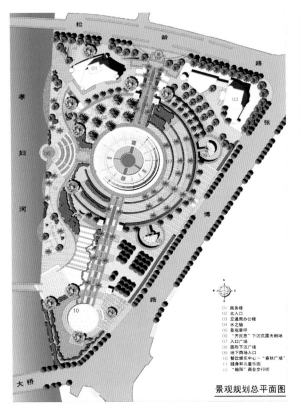

景观规划总平面图

01 商务楼
02 北入口
03 交通局办公楼
04 水之轴
05 景观坪
06 "齐民思"下沉式露天剧场
07 入口广场
08 圆形下沉式
09 地下商场入口
10 餐饮娱乐中心－"春秋广场"
11 健身和儿童乐园
12 "艳阳"商业步行街

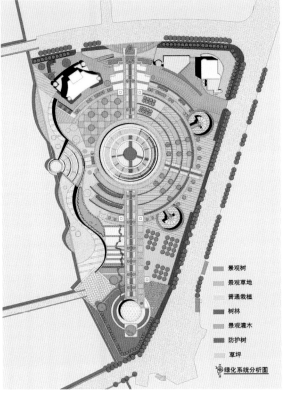

绿化系统分析图

景观树
景观草地
普通栽植
树林
景观灌木
防护树
草坪

夜景效果图
Landscape Distribution

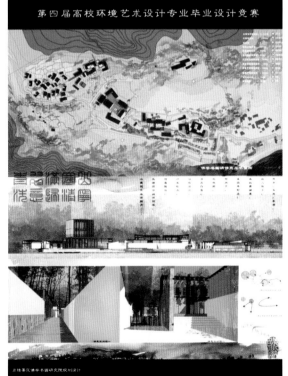

第四届高校环境艺术设计专业毕业设计竞赛

第四届高校环境艺术设计专业毕业设计竞赛

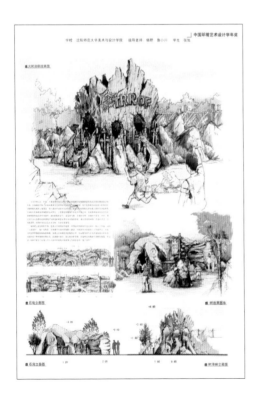

本章作业：

根据各院校大纲安排和学时分配，选择以下专题中的一项展开设计：

住宅区景观设计、城市文化休闲广场设计、城市主题公园设计、高校校园景观设计、城市滨水区景观设计、商业步行街景观设计等。

作业形式1：标书（A3规格），装帧成册。设计图纸包括：文案说明、轴线/绿化/材料等分析图、概念草图、效果图、空间各界面平立剖面图等等。

作业形式2：展板（A1规格），板1-2内容：概念分析，板3-4内容：方案展示。

作业要求：

1. 在调研的基础上，结合人体工程学和生态学原理，针对特定景观空间的精神与功能属性展开系统化设计；

2. 体现前瞻性、创新性、可持续原则；坚持科技与艺术的融合，注重挖掘本土文化和延续历史文脉。

专题课前下发的任务书模板：

某城市文化休闲广场景观设计任务书

——2006级艺术设计专业环境艺术方向 第三学期《景观设计》

（一）设计课题：某城市文化休闲广场景观设计与规划

本案位于城市商业区与住宅区之间的共享绿地，拟建开放休闲的文化广场。用地面积18000平方米左右，地形不限。市政法规暂不计在要求之列。

（二）设计原则：

1. 因地制宜，突出思路的创新性；

2. 建立在环境心理学基础上的空间感知，建立在严格人体尺度基础上的虚实空间诠释；

3. 艺术化处理点、线、面、体的构成关系，强调分析的过程；以立体的语言与解构的手法搭建空间形态，风格简洁、独特；

4. 善于传承地域文化特色，注重与城市商业景观与自然风貌的结合。

（三）细部设计：

1. 交通流程合理有序并易于汇聚与疏散；

2. 适度处理公共与私密空间的隐与显；

3. 发挥材料质感与色彩的关系；

4. 协调视觉景观与人的触觉、嗅觉以及声景观等细部因素的关系。

（四）设计要求：生态化、人性化、功能化、个性化。

（五）设计表达：

1. 设计说明

2. 总体区位图

3. 概念分析示意图

4. 基地综合因素分析与定位图

①宏观地貌分析图

②空间功能分析图

③轴线定位分析图

④交通系统分析图

⑤道路铺装分析图

⑥景观结点分析图

⑦照明设置分析图

⑧绿化布置分析图

⑨配套设备分析图

5. 高程关系剖、立面图

6. 效果图

（六）课程进度：（1-8周）

第1周：下达课题任务书、设计理论讲授、资料查询

第2周：主题概念定位与场地形态定位

第3周：功能分析、空间组织与规划

第4周：铺装、水体设计

第5周：植被绿化、灯光等基本要素设计

第6周：辅助设施设计

第7周：总体设计表达 I

第8周：总体设计表达 II

（七）评定标准：

1. 独立设计能力60%

2. 设计表达能力40%

参考文献：

[1]外部空间环境设计/王铁.长沙：湖南美术出版社，2000

[2]西方现代园林设计/王晓俊.南京：东南大学出版社，2000

[3]园林景观设计要素/王洪成.天津：天津大学出版社，2007

[4]中国景观设计/《世界建筑导报》北京编辑部编著.北京：中国水利水电出版社，2006

[5]手绘效果图表现技法景观设计/赵国斌主编.福州：福建美术出版社，2006

参考文献

一、著作类

吴为康主编. 景观与景园建筑工程规划设计·上、下册. 北京：中国建筑工业出版社，2004

沈蔚主编. 室外环境艺术设计. 上海：上海人民美术出版社，2005

屈永建. 园林工程建设小品. 北京：化学工业出版社，2005

李开然. 景观设计基础. 上海：上海人民美术出版社，2006

吴钰. 景观项目设计. 北京：中国建筑工业出版社，2006

彭应运. 住宅区环境艺术设计及景观细部构造图集. 北京：中国建材工业出版社，2005

易西多. 景观创意与设计. 武汉：武汉理工大学出版社，2005

王洪成. 园林景观设计要素. 天津：天津大学出版社，2007

[美]T·贝尔托斯基著，闫红伟等译. 园林设计初步. 北京：化学工业出版社，2007

肖笃宁等. 景观生态学. 北京：科学出版社，2004

[美]R·福尔曼\M·戈德罗恩著，肖笃宁等译. 景观生态学. 北京：科学出版社，1990

刘庭风. 中国古典园林的设计施工与移建. 天津：天津大学出版社，2007

曹林娣著. 中国园林艺术论. 太原：山西教育出版社，2003

温国胜. 园林生态学. 北京：化学工业出版社，2007

魏民. 风景园林专业综合实习指导书. 北京：中国建筑工业出版社，2007

余学智. 中国园林美学. 北京：中国建筑工业出版社，2005

针之谷钟吉. 西方造园变迁史. 北京：中国建筑工业出版社，1991

陈植著. 中国造园史. 北京：中国建筑工业出版社，2006

彭一刚著. 中国古典园林分析. 北京：中国建筑工业出版社，1986

王晓俊著. 西方现代园林设计. 南京：东南大学出版社，2001

彭一刚著. 建筑空间组合论. 2版. 北京：中国建筑工业出版社，1998

段进著. 空间研究1世界文化遗产西递古村落空间解析. 南京：东南大学出版社，2006

王铁. 外部空间环境设计. 长沙：湖南美术出版社，2000

齐伟民等编著. 环境空间设计基础. 沈阳：辽宁美术出版社，2005

北京编辑部编著. 中国景观设计/《世界建筑导报》. 北京：中国水利水电出版社，2006

符宗荣. 室内设计表现图技法. 北京：中国建筑工业出版社，1996

香港日瀚国际文化有限公司编. 景观设计绿皮书—建筑小品·景观小品. 北京：中国林业出版社，2006.2

刘蔓编著. 景观艺术设计. 重庆：西南师范大学出版社，2000

刘盛璜编著. 人体工程学与室内设计. 北京：中国建筑工业出版社，2002

陈易著. 建筑室内设计. 上海：同济大学出版社，2001

中国建筑学会室内设计分会教育委员会编. 中国环境艺术设计学年奖 第四届全国高校环境艺术设计专业毕业设计竞赛获奖作品集. 中国建筑工业出版社，2006

中国建筑学会室内设计分会教育委员会编. 中国环境艺术设计学年奖 第五届全国高校环境艺术设计专业毕业设计竞赛获奖作品集. 中国建筑工业出版社，2007

卫明等编著. 世界城市公共设施设计. 沈阳：辽宁美术出版社，1997

赵国斌主编. 手绘效果图表现技法景观设计. 福州：福建美术出版社，2006

吴卫著. 钢笔建筑室内环境技法与表现. 北京：中国建筑工业出版社，2002

陈红卫著. 陈红卫手绘. 福州：福建科学技术出版社，2007

徐放，徐蕾著. 景观中的建筑. 香港：中国国际出版社，2006

杨健编著. 室内空间徒手表现法. 沈阳：辽宁科学技术出版社上，2003

赵航编著. 景观·建筑手绘效果图表现技法. 北京：中国青年出版社，2006

韩瑞光主编. 园林景观手绘效果图. 天津：天津大学出版社，2007

吴坚，金颖平编著. 新环艺设计表现技法. 福州：福建美术出版社，2004

[美]麦克哈格著；芮经纬译. 设计结合自然. 天津：天津大学出版社，2006

DI/建筑新潮，2006年全年期刊

二、论文类

戴启培. 中西方园林理念对中国园林发展的影响. 安徽农业科学[J].2007，35（28）

张振. 传统园林与现代景观设计. 中国园林[J]，2003.8

刘华斌，刘小鸾. 东西方园林景观比较初探. 九江学院院报[J]，2006（3）

李景奇，夏季. 城市防灾公园规划研究. 中国园林[J]，2007（6）

陈小敏. 极简主义园林中植物应用研究. 安徽农业科学[J]，2007.35（29）

王焱，包志毅. 声景学在园林景观设计中的应用及探讨. 华中建筑[J]，2007（7）

吕桂菊. 人性化园林空间营造的探索. 山西建筑[J]，2007（29）

俞孔坚，李迪华. 可持续景观.城市环境设计[J]，2007（1）

三、网络类

土人设计网http://www.turenscape.com/

景观图库.景观中国http://www.landscapecn.com

中国景观网http://www.cnla.cn/

园林论坛.网易土木在线http://bbs.co188.com

室内设计—美国室内设计中文网http://www.idchina.net/

建筑设计论坛http://www.abbs.com.cn

遨都设计http://www.alod.com

后记

　　《园林景观设计》在编者久病初愈期间艰难成书，其间得到诸多朋友、学生的全力支持，时刻感激于心。在此虽怀有本书单薄不足以饷众之忧，仍欲借此一隅以表谢意，他们是无私提供帮助的：重庆大学建筑城规学院的欧阳桦导师及其2007级研究生：朱理东（我校2006届本科毕业生）、李栋、祁锤、郭丹青等同学，杭州礼和建筑设计有限公司的熊礼和先生、鞠东晓（我校2002级本科毕业生）；感谢在前期图文资料整理中提供帮助的合肥红蝙蝠设计工作室及其主创者王伟（我校2004级本科毕业生），2003级付飞，2004级董琪、付国良，2006级汪超、王军、王伟、袁维华等同学；感谢在写作过程中承担繁重图纸绘制工作的2006级环艺专业的：王程、夏萍、张石永、王琼琼、冀伦萍、陈艳、杨青、肖文娟、李建廷等同学；感谢休养期间给予深切关照的我的家人和淮北市第二人民医院的单利、晋兴林两位医师；最后，尤其感谢2005级的张杰、池苗苗同学在文稿即将完成而突遭电脑故障时对全部珍贵资料的抢救和复制，从而化险为夷，使本书的写作得以顺利及时地完成。再次深表感谢！并以此书献给我钟爱的2004级环境艺术设计的全体同学！

　　由于健康状态一度不佳，加之时间仓促，尽管有长期教学的实践积累和此次有序的资料整理工作，但仍自觉仅止于交流探讨的浅显之作，倘若对同行教师及相关专业的同学们有一定启示，编者则可以获得释怀。

　　本书图片除部分师生原创作品直接署名外，大部分引用资料在书后均编入参考文献，如有疏忽敬请见谅。

王冬梅

2010年4月